3ds Max
动画制作
实例精讲教程

李彩霞　张建琴　刘敬龙／编著

中国铁道出版社有限公司

CHINA RAILWAY PUBLISHING HOUSE CO., LTD.

U0261582

内 容 简 介

本书以 3ds Max 2016 为平台,通过大量的实例详细介绍了简单的对象动画、常用三维文字标版动画、修改器动画、摄影机动画、建筑灯光动画、使用约束和控制器制作动画、粒子特效动画、大气特效与后期制作、两足与四足角色动画、空间扭曲动画、片头动画、星球爆炸动画等内容,可帮助读者全面掌握各种常见动画的制作流程、方法和技巧,为制作复杂大型动画奠定坚实基础。

配套资源中提供了书中实例的场景文件和素材文件,以及实例制作的语音视频教学文件。

本书适合 3ds Max 初、中级读者阅读,是游戏制作、影视制作、卡通角色设计、原画设计和美术设计等从业人员的理想参考书,也可作为大、中专院校影视、动漫、广告及相关专业的教材。

图书在版编目(CIP)数据

3ds Max 动画制作实例精讲教程/李彩霞, 张建琴, 刘敬龙
编著. —北京: 中国铁道出版社, 2019.1(2023.1 重印)
ISBN 978-7-113-24985-4

Ⅰ.① 3… Ⅱ.①李… ②张… ③刘… Ⅲ.①三维动画软件 –
教材 Ⅳ.① TP391.41

中国版本图书馆 CIP 数据核字(2018)第 220688 号

书　　名:3ds Max 动画制作实例精讲教程
　　　　　3ds Max DONGHUA ZHIZUO SHILI JINGJIANG JIAOCHENG

作　　者:李彩霞　张建琴　刘敬龙

责任编辑:于先军　　　　　　读者热线:(010)51873026
责任印制:赵星辰　　　　　　封面设计:MXK DESIGN STUDIO

出版发行:中国铁道出版社有限公司(100054,北京市西城区右安门西街 8 号)
印　　刷:中煤(北京)印务有限公司
版　　次:2019 年 1 月第 1 版　　2023 年 1 月第 8 次印刷
开　　本:787 mm×1 092 mm　1/16　印张:22.25　字数:583 千
书　　号:ISBN 978-7-113-24985-4
定　　价:88.00 元

版权所有　侵权必究

凡购买铁道版图书,如有印制质量问题,请与本社读者服务部联系调换。电话:(010)51873174
打击盗版举报电话:(010)63549461

配套资源下载链接：
http://www.crphdm.com/2018/1017/13949.shtml

前 言

3ds Max在国内拥有庞大的用户群，它被广泛地应用于建筑、机械、游戏和影视等各个行业。目前，市面上介绍3ds Max的图书非常多，但绝大多数都是把重点放在介绍3ds Max的建模和材质渲染上，也就是说大都是介绍静帧效果制作的，而本书则是一本介绍3ds Max动画方面的图书。

本书内容

本书共分为12章，详细讲解了3ds Max 2016中各种常用的动画技术。首先从简单的对象动画和常用三维文字标版动画开始讲解，其次介绍了修改器动画、摄影机动画、建筑灯光动画，以及使用约束和控制器制作建筑动画的过程，然后介绍了粒子特效动画的制作方法，接着介绍大气特效与后期制作、两足与四足角色动画、空间扭曲、片头动画、星球爆炸动画的制作方法，最后通过两个综合实例来讲解使用3ds Max各种动画技术制作复杂动画的方法。

本书特色

本书内容实用，步骤详细，书中完全以实例形式来讲解3ds Max的知识点。这些实例按知识点的应用和难易程度进行安排，从易到难，从入门到提高，循序渐进地介绍了各种动画特效的制作。在讲解时，针对每个实例先提出学习目标，提示读者在制作动画过程中应该重点掌握的知识点。在实例操作过程中还介绍了实用的技巧知识，使读者能在制作过程中勤于思考和总结。

1. **实例丰富，实用性强**：本书的每一个实例都包含了丰富的实战技巧和经验，针对性强，专业水平高，紧跟行业应用的最新动向和潮流，既体现易学易用性，又体现3ds Max软件技术的先进性。

2. **讲解细致，一步一图，易学易用**：在介绍操作步骤时，每一个操作步骤后均附有对应的图示，并在图中进行标注，读者在学习过程中能够直观、清晰地看到操作的过程及效果，更易于理解掌握。

3. **目标明确，针对性强**：书中在介绍每个实例之前，都给出了明确的学习目标，使读者在具体学习制作过程之前，能够做到心中有数，明确重点，从而有效地提高学习效率。

4. **全视频教学，轻松掌握**：配套资源中提供了实例的语音视频教学文件，读者可通过观看视频教学轻松应对学习中遇到的困难，如专业教师在旁侧进行指导。

关于配套资源

1. 提供了书中实例的场景文件和素材文件。
2. 讲解书中实例制作过程的语音视频教学文件。

配套资源下载链接：http://www.crphdm.com/2018/1017/13949.shtml

读者对象

1. 从事三维设计的工作人员。
2. 影视动画制作人员。
3. 培训人员。
4. 动漫设计及其相关专业的师生。

编　者

2018年11月

配套资源下载链接：
http://www.crphdm.com/2018/1017/13949.shtml

目 录

CONTENTS

3ds Max 动画制作实例精讲教程

第1章

简单的对象动画

在3ds Max中，几乎可以对场景中的任何物体进行动画设置，3ds Max也为用户提供了多种创建动画的方法。本章将介绍如何使用3ds Max制作最简单的对象动画，主要应用到的知识点包括自动关键点和轨迹视图，在每个动画实例中都详细演示了相关知识点的使用方法。

实例01　使用自动关键点模式制作推拉门动画

在3ds Max中，使用自动关键点模式制作动画是最简单的方法之一，其方法是使用【自动关键点】（AutoKey）按钮 自动关键点 开启动画记录，在场景中对对象的位置、旋转和缩放所做的更改都会自动生成关键帧，记录成动画效果。

学习目标

掌握使用自动关键点模式设置动画的方法
掌握设置对象的关键点的方法

制作过程

资源路径：案例文件\Chapter 1\原始文件\制作推拉门动画\制作推拉门动画.max
　　　　　案例文件\Chapter 1\最终文件\制作推拉门动画\制作推拉门动画.max

步骤1　在学习使用自动关键点模式制作推拉门动画之前，先预览一下动画的最终效果，如图1-1所示。打开本书配套资源中的【案例文件\Chapter 1\原始文件\制作推拉门动画\制作推拉门动画.max】文件，在视图中观察该场景文件，如图1-2所示。

图1-1　推拉门动画效果

图1-2　打开场景文件

步骤2　在动画控制区域中单击【时间配置】按钮 ，在弹出的对话框中选中【1/2×】单选按钮，如图1-3所示。单击【确定】按钮，单击【自动关键点】按钮 自动关键点 开启动画记录模式，将时间滑块定位到第50帧，在【前】视图中选择【门（左）】对象沿X轴向左移动，如图1-4所示。

图1-3　选中【1/2×】单选按钮

图1-4　开启动画记录并移动对象的位置

提示：在3ds Max中，用户可以根据需要设置动画的播放速度，【1/2×】可以将速度放慢，而【2×】可以将速度加快。

▓▓ 步骤3 将时间滑块移至第100帧处，在【前】视图中使用【选择并移动】工具将【门（左）】对象沿X轴向右移动，如图1-5所示。设置完成后，选择【门（右）】对象，将时间滑块拖动至第50帧处，使用【选择并移动】工具将【门（右）】对象沿X轴向右移动，如图1-6所示。

图1-5 在第100帧处添加关键帧　　　　　图1-6 选择其他对象并在第50帧处添加关键帧

▓▓ 步骤4 移动时间滑块至第100帧处，在【前】视图中使用【选择并移动】工具将【门（右）】对象沿X轴向左移动，如图1-7所示。单击【自动关键点】按钮 自动关键点 关闭动画记录模式，拖动时间滑块查看动画效果，如图1-8所示。

图1-7 在第100帧处添加关键帧　　　　　　图1-8 查看动画效果

实例02　使用自动关键点模式制作打开的盖

本例通过在自动关键点模式下，使用【选择并移动】工具和【选择并旋转】工具设置盖子的开启动画。

学习目标

掌握使用自动关键点模式设置动画的方法
掌握调整运动轨迹的方法

制作过程

资源路径：案例文件\Chapter 1\原始文件\制作打开的盖\制作打开的盖.max

案例文件\Chapter 1\最终文件\制作打开的盖\制作打开的盖.max

步骤 1 在学习制作打开的盖动画之前，先打开动画预览它的最终效果，如图1-9所示。在本书配套资源中打开【案例文件\Chapter 1\原始文件\制作打开的盖\制作打开的盖.max】文件，在摄影机视图中渲染默认的场景效果，如图1-10所示。

图1-9 打开的盖最终效果

图1-10 场景原始文件

步骤 2 单击【时间配置】按钮，弹出【时间配置】对话框，在【动画】选项组中将【长度】设置为160，设置完成后单击【确定】按钮，如图1-11所示。在场景中选择【杯盖】对象，单击【自动关键点】按钮开启动画记录模式，将时间滑块定位到第20帧，然后单击【设置关键点】按钮，添加关键帧，如图1-12所示。

图1-11 设置动画长度

图1-12 添加关键帧

步骤 3 拖动时间滑块至第40帧，然后使用【选择并移动】工具在【前】视图中调整其位置，如图1-13所示。拖动时间滑块至第60帧，使用【选择并移动】工具在【前】视图中调整其位置并进行旋转，如图1-14所示。

图1-13 在第40帧调整对象位置

图1-14 在第60帧调整对象位置

    步骤4 拖动时间滑块至第90帧，使用【选择并移动】工具，在【前】视图和【左】视图中调整其位置，如图1-15所示。拖动时间滑块至第110帧，使用【选择并移动】工具在【前】视图和【左】视图中调整其位置，如图1-16所示。

图1-15 在第90帧调整对象位置

图1-16 在第110帧调整对象位置

    步骤5 拖动时间滑块至第120帧，使用【选择并移动】工具，在【前】视图中调整其位置，使用【选择并旋转】工具，在【前】视图中沿Z轴对其进行旋转，如图1-17所示。拖动时间滑块至第140帧，使用【选择并移动】工具，在【前】视图和【左】视图中调整其位置，如图1-18所示。

图1-17 在第120帧调整对象位置和旋转角度

图1-18 在第140帧调整对象位置

步骤6 切换至【运动】命令面板，然后单击【轨迹】按钮，即可显示出运动轨迹，如图1-19所示。然后使用【选择并移动】工具 ✥ 在各视图中调整运动轨迹，如图1-20所示。调整完成后，再次单击【自动关键点】按钮，关闭动画记录模式。

图1-19 显示运动轨迹　　　　　　　　　　　图1-20 调整运动轨迹

步骤7 设置动画的渲染参数后，单击【渲染】按钮，渲染输出连续的动画。在渲染帧窗口中预览动画第0帧的效果，如图1-21所示。预览渲染动画过程中某一帧效果如图1-22所示。

图1-21 预览第0帧的效果　　　　　　　　　　图1-22 预览动画过程中的某一帧效果

实例03　使用设置关键点模式制作蝴蝶动画

在3ds Max中，还可以使用【设置关键点】动画模式制作动画，与【自动关键点】模式不同，利用【设置关键点】模式可以控制设置关键点的对象及时间。它可以设置角色的姿势（或变换任何对象），并使用【设置关键点】按钮 ↦ 将该姿势创建为关键点，这种方法比较灵活。

学习目标

掌握使用【设置关键点】模式设置动画的方法

掌握蝴蝶对象的运动规律

学会使用【关键点过滤器】控制关键点

制作过程

资源路径：案例文件\Chapter 1\原始文件\制作蝴蝶动画\制作蝴蝶动画.max

案例文件\Chapter 1\最终文件\制作蝴蝶动画\制作蝴蝶动画.max

█ 步骤 1 在本例中，主要设置蝴蝶翅膀的动画关键点，先预览蝴蝶动画的最终效果，如图1-23所示。打开本书配套资源中的【案例文件\Chapter 1\原始文件\制作蝴蝶动画\制作蝴蝶动画.max】文件，如图1-24所示。

图1-23 蝴蝶动画的最终效果　　　　　　　　　　　图1-24 打开场景文件

█ 步骤 2 在动画控件区域单击【设置关键点】按钮 设置关键点 ，开启设置关键点模式，如图1-25所示。选择左边的一只翅膀，在第0帧处单击【设置关键点】按钮 ☜，设置第1个关键点，如图1-26所示。

图1-25 开启设置关键点模式　　　　　　　　　　　图1-26 设置第1个关键点

> 提示：要使用【设置关键点】模式设置动画，首先必须启用设置关键点模式，然后再使用【设置关键点】按钮 ☜ 或者按K键来为对象创建关键帧，将时间滑块向后移动，更改变换对象后单击【设置关键点】按钮 ☜ 创建新的关键点。

█ 步骤 3 单击【关键点过滤器】按钮 关键点过滤器... ，选择对象要设置的关键点，如图1-27所示。拖动时间滑块至第3帧处，使用旋转工具旋转翅膀，如图1-28所示，并单击【设置关键点】按钮 ☜，将此状态创建为关键点。

图1-27 选择要设置的关键点 图1-28 旋转调整蝴蝶的翅膀

▌ 步骤4 在状态栏上将时间滑块移至第6帧处，使用旋转工具旋转翅膀下垂的位置，并按K键将该状态创建为关键点，如图1-29所示。将时间滑块移至第3帧处，按住Shift键将第3帧的状态拖动复制到第12帧处，效果如图1-30所示。

图1-29 设置第6帧的翅膀状态 图1-30 复制翅膀关键点

▌ 步骤5 将时间滑块移至第6帧处，按住Shift键将翅膀的状态复制到第18帧处，效果如图1-31所示。将时间滑块移至第21帧处，使用旋转工具旋转翅膀，使其稍微上扬，按K键完成关键点的创建，如图1-32所示。

图1-31 设置第18帧的翅膀关键点 图1-32 设置第21帧的翅膀关键点

▌ 步骤6 按照每间隔3帧的方法在第24帧处设置翅膀的关键点，它的位置比上一帧的位置稍微高一点，如图1-33所示。将时间滑块移至第27帧处，再向上旋转一定的角度，如图1-34所示。

图1-33 第24帧的翅膀位置

图1-34 第27帧的翅膀位置

步骤 7 在第30帧处使用旋转工具旋转调整翅膀的位置，并按K键设置关键点，如图1-35所示。使用复制关键点的方法完成后面动画关键点的制作，如图1-36所示。

图1-35 第30帧的翅膀位置

图1-36 制作完成后面的动画关键点

步骤 8 单击【设置关键点】按钮 设置关键点，关闭动画模式。使用同样的方法为另外一只翅膀添加关键点，如图1-37所示。在【透视】视图中单击【播放动画】按钮 ▶ 预览动画，如图1-38所示。

图1-37 为另一只翅膀添加关键点

图1-38 预览动画

提示：在为另外一只翅膀添加关键点时，需要向相反的方向旋转。

步骤 9 选择【透视】视图，按C键将【透视】视图转换为【摄影机】视图，按8键快速打开【环境和效果】对话框，在【背景】选项组中为场景添加一个花丛背景图像，将其拖动至【材质编辑器】对话框中的一个材质样本球上，并对其进行相应的设置，如图1-39所示。按F10键打开

【渲染设置】对话框，选择【渲染器】选项卡，在【渲染设置】对话框中开启运动模糊效果，并设置参数，如图1-40所示。

图1-39 添加背景图像　　　　　　　　　　　图1-40 使用运动模糊效果

步骤10 确定选择【摄影机】视图，在菜单栏中选择【视图】|【视口背景】|【环境背景】命令，单击【设置关键点】按钮，开启动画模式，在第0帧处设置蝴蝶身体位置的关键点，如图1-41所示。将时间滑块移至第30帧处，移动蝴蝶的位置，如图1-42所示，按K键创建关键点。

图1-41 设置蝴蝶身体在第0帧的位置　　　　　图1-42 设置第30帧蝴蝶的位置

步骤11 使用相同的方法，分别在第40帧和第60帧处设置蝴蝶的关键点，如图1-43和图1-44所示。

图1-43 设置第40帧蝴蝶的位置　　　　　　　图1-44 设置第60帧蝴蝶的位置

步骤12 关闭动画模式后在视图中播放预览动画，确定动画的连贯性后在【渲染设置】对话框中设置渲染输出动画。如图1-45所示为渲染到第30帧处的动画效果，如图1-46所示为渲染到第60帧处的动画效果。

图1-45 渲染输出第30帧的动画效果

图1-46 渲染输出第60帧的动画效果

提示：将蝴蝶飞舞的动画关键帧设置完成后，需要在场景中创建一个Plane（平面）对象，在【材质编辑器】中将Matte/Shadow（无光/投影）材质赋给平面对象，并在场景中创建灯光，使蝴蝶在背景图像上产生阴影投射效果。

实例04　使用曲线编辑器制作钟表动画

曲线编辑是轨迹视图的一种模式，使用图表上的功能曲线来表示对象的运动，在它的工作界面可以查看和编辑对象的动画关键点。本例中将使用自动关键点模式设置钟表分针和秒针的动画关键点，然后在【曲线编辑器】对话框中设置动画重复，制作出完整的钟表动画，下面将详细介绍整个动画的制作过程。

学习目标

掌握【曲线编辑器】对话框的调用方法

使用【层次】命令面板调整分针和秒针的轴心

使用【自动关键点】按钮设置分针和秒针的旋转关键点

使用【曲线编辑器】对话框设置动画的循环和重复

制作过程

资源路径：案例文件\Chapter 1\原始文件\制作钟表动画\制作钟表动画.max

案例文件\Chapter 1\最终文件\制作钟表动画\制作钟表动画.max

步骤1 在学习制作钟表动画之前，先预览一下动画的最终效果，如图1-47所示。打开本书配套资源中的【案例文件\Chapter 1\原始文件\制作钟表动画\制作钟表动画.max】文件，如图1-48所示。

图1-47 动画最终效果

图1-48 打开原始文件

步骤 2 单击主工具栏中的【选择并移动】按钮，选择秒针对象，切换至【层次】命令面板，在其中选择【轴】选项卡，单击【仅影响轴】按钮，如图1-49所示。在视图中移动调整轴心的位置，如图1-50所示。

图1-49 单击【仅影响轴】按钮

图1-50 调整轴心位置

步骤 3 按照步骤2的方法将分针的轴心也调整到相同的位置，再次单击【仅影响轴】按钮，关闭仅影响轴，单击【时间配置】按钮，在弹出的【时间配置】对话框中设置动画时间，如图1-51所示。单击【自动关键点】按钮，将时间滑块移至第60帧处，使用旋转工具旋转分针对象的位置，如图1-52所示。

图1-51 【时间配置】对话框

图1-52 旋转分针的位置

步骤 4 将时间滑块移至第1帧处，使用旋转工具旋转秒针对象的位置，如图1-53所示。单击主工具栏中的【曲线编辑器】按钮，打开【轨迹视图-曲线编辑器】对话框，如图1-54所示。

图1-53 旋转秒针的位置

图1-54 【轨迹视图-曲线编辑器】对话框

3ds Max 动画制作实例精讲教程

12

步骤 5 在轨迹视图的编辑对话框中选择秒针的两个关键点，在菜单栏中选择【编辑】|【控制器】|【超出范围类型】命令，在弹出的【参数曲线超出范围类型】对话框中选择【相对重复】范围类型，如图1-55所示。单击【确定】按钮，在视图中拖动时间滑块就可以预览到秒针做重复的旋转运动，效果如图1-56所示。

图1-55 选择曲线超出范围类型　　　　　　　图1-56 秒针重复运动效果

步骤 6 按照同样的方法，为分针对象的两个关键点选择【相对重复】范围类型，如图1-57所示。退出动画模式。在视图中单击【播放动画】按钮▶预览动画，分针在第100帧时的运动位置如图1-58所示。

图1-57 设置分针的曲线为相对重复　　　　　　图1-58 分针在第100帧时的运动位置

提示：对象如果在一个范围内重复相同的动画，但是每次重复会根据范围末端的值有一个偏移，这时就可以选择【相对重复】范围类型来创建在重复时彼此构建的动画。

步骤 7 在【时间配置】对话框中设置动画的【结束时间】为1 000，在视图中播放预览动画在第800帧处的分针和秒针运动效果，如图1-59所示。检查确认动画的连贯性后，在【渲染设置】对话框中渲染输出动画，效果如图1-60所示。

图1-59 预览分针和秒针在第800帧处的运动效果　　　　图1-60 渲染输出动画效果

实例 05 使用轨迹视图制作秋千动画

本例主要使用【轨迹视图-曲线编辑器】对话框制作秋千前后摆动的动画效果，并使用【往复】曲线超出范围类型实现前后循环摆动的动画效果。

学习目标

学会使用【角度捕捉】调整对象的旋转角度

使用【自动关键点】按钮设置秋千摆动的关键点

使用【往复】类型曲线设置秋千的往复循环

启用秋千的运动模糊效果

制作过程

资源路径：案例文件\Chapter 1\原始文件\制作秋千动画\制作秋千动画.max
案例文件\Chapter 1\最终文件\制作秋千动画\制作秋千动画.max

步骤1 使用【轨迹视图-曲线编辑器】对话框编辑制作秋千动画，首先需要设置好秋千的几个关键点，在制作之前先预览秋千动画的最终效果，如图1-61所示。打开本书配套资源中的【案例文件\Chapter 1\原始文件\制作秋千动画\制作秋千动画.max】文件，如图1-62所示。

图1-61 秋千动画最终效果

图1-62 打开场景文件

步骤2 单击主工具栏中的【角度捕捉】按钮，然后在该按钮上右击，在弹出的对话框中选择【选项】选项卡，设置【角度】参数为20，如图1-63所示。单击【自动关键点】按钮，开启动画记录模式，如图1-64所示。

图1-63 设置角度捕捉参数

图1-64 启用【自动关键点】记录模式

步骤3 单击主工具栏中的【选择并旋转】按钮⟳，在第0帧处将秋千向前旋转20°，如图1-65所示。将时间滑块移至第10帧处，将秋千旋转到初始位置，如图1-66所示。

图1-65 旋转20°秋千的位置

图1-66 旋转秋千到初始位置

步骤4 将时间滑块移至第20帧处，使用旋转工具将椅子对象旋转到后方-20°的位置，如图1-67所示，这样从第0帧到第20帧之间就形成一个来回摇摆的效果。在主工具栏中单击【曲线编辑器】按钮▥，打开【轨迹视图-曲线编辑器】对话框，如图1-68所示。

图1-67 设置第20帧处的旋转位置

图1-68 【轨迹视图-曲线编辑器】对话框

步骤5 展开【旋转】目录，在其下选择椅子对象的XYZ轴的3个变换曲线，如图1-69所示。在该对话框中选择【编辑】|【控制器】|【超出范围类型】命令，然后在弹出的对话框中选择【往复】曲线类型，如图1-70所示。

图1-69 选择对象的变换曲线

图1-70 选择【往复】范围类型

步骤6 选择了【往复】范围类型后，可以在对话框中看到摇椅的变换曲线产生了循环，这样表示椅子将以0帧到20帧为单位无限循环下去，如图1-71所示。选择变换曲线，在曲线编辑器的工具栏中单击【将切线设置为线性】按钮 ，将对象的运动变为匀速状态，如图1-72所示。

图1-71 往复曲线效果

图1-72 将对象的运动变为匀速状态

提示：【往复】曲线类型是指在动画重复范围内切换向前或是向后，在想要切换动画向前或者向后时，就可以使用【往复】类型。秋千动画是一个向前和向后来回摇摆的效果，因此应该选择此类型曲线。

步骤7 设置完成后，退出动画关键点记录模式，在摄影机视图中单击【播放动画】按钮 ，播放预览动画，如图1-73所示。在确认动画的连贯后，启用秋千的运动模糊效果，在【渲染设置】对话框中设置渲染输出动画，如图1-74所示，渲染其中某一帧的效果。

图1-73 播放预览动画

图1-74 渲染输出动画效果

实例06 使用设置关键点模式制作象棋动画

本例通过制作象棋棋子动画，讲解使用【设置关键点】模式制作棋子的移动关键点的设置方法，使读者能更加熟练地掌握3ds Max关键帧动画的设置方法。

学习目标

了解象棋的走法和杀法

使用【设置关键点】按钮设置棋子的移动关键点

制作过程

资源路径：案例文件\Chapter 1\原始文件\制作象棋动画\制作象棋动画.max

　　　　　　案例文件\Chapter 1\最终文件\制作象棋动画\制作象棋动画.max

步骤 1 本例将制作象棋棋子移动的动画，图1-75所示为棋子动画的最终效果。在本书配套资源中打开象棋动画的原始文件，如图1-76所示。

图1-75 象棋最终动画

图1-76 打开原始场景文件

步骤 2 单击动画控制区域中的【设置关键点】按钮 设置关键点 ，开启设置关键点动画模式，如图1-77所示。选择白方的一个白兵对象，单击【设置关键点】按钮 ，为选择的白兵对象设置一个关键点，如图1-78所示。

图1-77 开启设置关键点模式

图1-78 设置白兵对象的关键点

步骤 3 移动时间滑块至第10帧处，使用移动工具沿着Y轴向前移动白兵一段距离，并单击【设置关键点】按钮 ，设置一个关键点，如图1-79所示。移动时间滑块至第20帧处，选择黑方的一个黑兵对象，单击【设置关键点】按钮 ，设置一个关键点，如图1-80所示。

图1-79 设置白兵对象的移动关键点

图1-80 设置黑兵对象的关键点

步骤 4 在第30帧的位置上，将黑兵对象向前移动两步，并单击【设置关键点】按钮 ，设置一个关键点，如图1-81所示。将时间滑块移至第40帧处，选择白方的另一个白兵对象，并设置一个关键点记录它的位置，如图1-82所示。

图1-81 设置黑兵对象的位置关键点

图1-82 设置白兵的关键点

步骤 5 将时间滑块移至第50帧处，向前移动两步白兵，并设置为它的第2个关键点，如图1-83所示。同时在这一帧上选择黑方的黑后棋子，单击【设置关键点】按钮 ✏，设置一个关键点，如图1-84所示。

图1-83 设置白兵的第2个关键点

图1-84 设置黑后棋子的关键点

步骤 6 将时间滑块移至第60帧处，使用移动工具移动黑后的位置，并单击【设置关键点】按钮 ✏，设置一个关键点，如图1-85所示。在第77帧的位置上为黑后和白王棋子设置关键点，将时间滑块移至第100帧处，调整它们的位置关系，如图1-86所示。

图1-85 设置第60帧处黑后的位置关键点

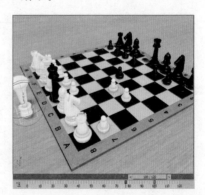

图1-86 设置第100帧处黑后和白王的位置

提示：在第77～100帧之间要手动设置白王棋子的旋转关键点，使它产生翻转的动画效果。

步骤 7 单击【设置关键点】按钮 设置关键点，退出设置关键点模式，单击【播放动画】按钮 ▶，播放预览动画，如图1-87所示。在确认棋子动画的准确性后，打开【渲染设置】对话框，设置渲染动画效果，如图1-88所示。

图1-87 播放预览动画

图1-88 渲染棋子动画

实例07 使用变换工具制作花瓣飘落动画

本例主要讲解花瓣飘落动画的制作方法，通过设置花瓣的变换参数设置动画关键点，来模拟花瓣在空中飘落的动画效果。

学习目标

设置花瓣的变换动画关键帧

制作过程

资源路径：案例文件\Chapter 1\原始文件\制作花瓣飘落动画\制作花瓣飘落动画.max

案例文件\Chapter 1\最终文件\制作花瓣飘落动画\制作花瓣飘落动画.max

步骤 1 首先预览一下花瓣飘落动画的最终效果，如图1-89所示。打开配套资源提供的原始文件，单击【自动关键点】按钮 自动关键点，开启动画记录模式，在第30帧处使用旋转和移动工具将花瓣移动一段距离并旋转它的位置，如图1-90所示。

图1-89 花瓣飘落动画

图1-90 设置花瓣在第30帧的变换位置

■ 步骤2 移动时间滑块至第60帧处，继续将花瓣向下移动一段距离，并使用旋转工具旋转花瓣，如图1-91所示。移动时间滑块至第80帧处，在该帧上调整花瓣的位置、旋转角度和大小，如图1-92所示。

图1-91 设置花瓣在第60帧的位置

图1-92 在第80帧处添加关键点

■ 步骤3 在第100帧处对花瓣进行调整，调整后的效果如图1-93所示。将花瓣的动画关键帧设置完成后，单击【自动关键点】按钮退出动画记录模式，在视图中复制多个花瓣对象，并对复制后的对象进行设置，如图1-94所示。

图1-93 在第100帧处添加关键点

图1-94 复制花瓣对象

■ 步骤4 关闭动画模式后在视图中播放预览动画，确定动画的连贯性后在【渲染设置】对话框中设置渲染输出动画。如图1-95所示为渲染到第30帧处的动画效果，如图1-96所示为渲染到第100帧处的动画效果。

图1-95 渲染输出第30帧的动画效果

图1-96 渲染输出第100帧的动画效果

第 2 章

常用三维文字标版动画

　　三维字体是利用文本工具创建出基本的文字造型，然后使用不同的修改器完成字体造型的制作，在制作过程中使用的都是比较常用的工具。本章将介绍常见的三维文字动画的制作。

实例08 使用材质编辑器制作沙砾金文字动画

在3ds Max中，用户可以根据需要在材质编辑器对话框中通过调整对象的材质添加动画效果，下面将介绍如何使用【材质编辑器】制作沙砾金文字动画效果。

学习目标

掌握自动关键点的设置方法

掌握如何使用【材质编辑器】对话框设置动画效果

制作过程

资源路径：案例文件\原始文件\Chapter 2\制作沙砾金文字动画\制作沙砾金文字动画.max

案例文件\最终文件\Chapter 2\制作沙砾金文字动画\制作沙砾金文字动画.max

步骤1 在学习制作沙砾金文字动画的设置方法之前，先预览一下沙砾金文字的最终效果，如图2-1所示。从本书配套资源中打开本例的原始场景文件，如图2-2所示，该场景为一个文字模型。

图2-1 沙砾金文字动画效果

图2-2 打开原始场景文件

步骤2 按N键打开自动关键点记录模式，将时间滑块拖动至第100帧处，在视图中选择摄影机，在左视图中调整摄影机的位置，如图2-3所示，再在视图中选择【Text01】对象，确认时间滑块在第100帧处，在【顶】视图中调整文字的位置，调整后的效果如图2-4所示。

图2-3 调整摄影机的位置

图2-4 调整文字位置后效果

步骤3 将时间滑块拖动至第0帧处，按M键打开【材质编辑器-边框】对话框，选择【边框】材质样本球，在【贴图】卷展栏中单击【反射】右侧的材质按钮，在【裁剪/放置】卷展栏中勾选【应用】复选框，将【W】、【H】分别设置为0.167、0.135，如图2-5所示。将时间滑块拖动至第100帧处，将【W】、【H】都设置为1，如图2-6所示。

图2-5 在第0帧处设置W、H的参数

图2-6 在第100帧处设置W、H的参数

步骤 4 将时间滑块拖动至第100帧处，再在【材质编辑器-背板】对话框中选择【背板】材质样本球，在【贴图】卷展栏中将【凹凸】右侧的数量设置为120，如图2-7所示。设置完成后，退出【材质编辑器】对话框，按N键关闭自动关键点记录模式，按F9键进行渲染，效果如图2-8所示。

图2-7 设置凹凸数量

图2-8 渲染后的效果

实例 09 使用弯曲修改器制作卷页字动画

本例将介绍利用文字工具输入文字，并为输入的文字指定【弯曲】修改器，然后通过记录修改器中心点的移动动作来产生最终的动画效果。

学习目标

掌握创建文字的方法

掌握使用【弯曲】修改器制作卷页文字的方法

掌握使用关键点制作背景动画的方法

制作过程

资源路径：案例文件\Chapter 2\最终文件\制作卷页字动画\制作卷页字动画.max

▣ 步骤1 在学习制作卷页字动画的设置方法之前，先预览一下卷页字动画的最终效果，如图2-9 所示。新建场景文件，在【图形】对象面板中单击【文本】按钮，在【参数】卷展栏中将字体设置为【方正大黑简体】，将【大小】设置为55，在【文本】文本框中输入【乘风破浪】，然后在【前】视图中单击，即可创建文字，将文本的颜色块定义为白色，如图2-10所示。

图2-9 卷页字动画最终效果　　　　　　　　　　图2-10 创建文字

▣ 步骤2 切换到【修改】命令面板，在修改器列表中选择【挤出】修改器。在【参数】卷展栏中将【数量】设置为1.0，如图2-11所示。在修改器列表中选择【弯曲】修改器，在【参数】卷展栏中，将【弯曲】选项组中的【角度】设置为-660.0，将【弯曲轴】定义为【X】，并勾选【限制】选项组中的【限制效果】复选框，最后将【上限】设置为460.0，如图2-12所示。

图2-11 设置挤出参数　　　　　　　　　　图2-12 设置弯曲参数

▣ 步骤3 按8键，打开【环境和效果】对话框，单击【背景】选项组中【环境贴图】下的【无】按钮，在打开的【材质/贴图浏览器】对话框中选择【位图】贴图，单击【确定】按钮。再在打开的对话框中选择贴图文件【背景.jpg】，单击【打开】按钮，如图2-13所示。按M键打开【材质编辑器】对话框，选择第一个样本球。在【环境和效果】对话框中，将环境贴图拖至样本球上，在弹出的对话框中选择【实例】单选按钮，单击【确定】按钮，如图2-14所示。

3ds Max 动画制作实例精讲教程

图2-13 选择环境贴图　　　　　　　图2-14 拖动环境贴图并选择【实例】单选按钮

步骤4 确定时间滑块位于第0帧处，单击【自动关键点】按钮，在【坐标】卷展栏中将【贴图】设置为【屏幕】，在【位图参数】卷展栏中勾选【裁剪/放置】选项组中的【应用】复选框，将【U】、【W】、【V】和【H】分别设置为0.127、0.781、0.167和0.661，单击【查看图像】按钮，可以查看裁剪的区域，如图2-15所示。将时间滑块移至第100帧处，在【材质编辑器】对话框中将【裁剪/放置】选项组中的【U】、【W】、【V】和【H】分别设置为0.0、1.0、0.0和1.0，单击【查看图像】按钮，可以查看裁剪的区域，如图2-16所示。

图2-15 设置贴图关键点　　　　　　　图2-16 设置第二个关键点

步骤5 在【前】视图中选择输入的文字，将时间滑块移动到第0帧处，开启【自动关键点】按钮。切换到【修改】命令面板，将当前选择集定义为【Gizmo】，在【前】视图中向左调整轴，如图2-17所示。将时间滑块移至第90帧处，在【前】视图中沿X轴向右拖动鼠标，将卷曲的字展开，如图2-18所示。

步骤6 关闭【自动关键点】按钮，在【摄影机】对象面板中单击【目标】按钮，然后在【顶】视图中创建一架摄影机，将【透视】视图激活，再按C键，将当前激活视图转换为摄影机视图，并在其他视图中调整摄影机的位置，如图2-19所示。按F10键快速打开【渲染设置】对话框，设置好渲染输出参数后渲染动画，当渲染到第10帧时，效果如图2-20所示。

图2-17 调整轴位置

图2-18 在第90帧展开文字

图2-19 创建并调整摄影机位置

图2-20 渲染到第10帧的效果

步骤 7 当渲染到第50帧时效果如图2-21所示。当渲染到第100帧时效果如图2-22所示。

图2-21 渲染到第50帧的效果

图2-22 渲染到第100帧的效果

实例 10 使用自动关键帧制作文字标版动画

本例的制作非常简单，主要介绍了材质动画和摄影机动画，并通过【视频后期处理】对话框进行合成。

学习目标

掌握创建摄影机的方法

掌握制作关键帧动画的方法

制作过程

资源路径：案例文件\Chapter 2\原始文件\制作文字标版动画\制作文字标版动画.max

案例文件\Chapter 2\最终文件\制作文字标版动画\制作文字标版动画.max

步骤 1 在学习制作文字标版动画之前，先预览一下动画的最终效果，如图2-23所示。从本书配套资源中打开该动画的原始场景文件，如图2-24所示。

图2-23 动画最终效果

图2-24 打开原始场景文件

步骤 2 打开【材质编辑器】对话框，将动画时间滑块拖动至第200帧位置处，单击【自动关键点】按钮，在【金属基本参数】卷展栏中，将【反射高光】区域下的【高光级别】和【光泽度】分别设置为60、100，如图2-25所示。关闭【自动关键点】按钮，在【摄影机】对象面板中单击【目标】按钮，在【顶】视图中创建一架摄影机，在【参数】卷展栏中将【镜头】参数设置为23。激活【透视】视图，按C键将其转换为摄影机视图，并在其他视图中调整其位置，如图2-26所示。

图2-25 设置【反射高光】参数

图2-26 创建并调整摄影机位置

提示：之所以在此处创建并设置小镜头显示范围的摄影机，目的是将所要表现的对象进行特写。

步骤3 在【辅助对象】对象面板中单击【虚拟对象】按钮，然后在【顶】视图中摄影机的右侧创建一个虚拟物体，如图2-27所示。首先在视图中选择摄影机，在工具栏中单击【选择并链接】按钮，然后在摄影机上单击并将其拖动至虚拟物体上，效果如图2-28所示。

图2-27 创建虚拟物体

图2-28 链接对象

步骤4 打开【自动关键点】按钮，将动画时间滑块拖动至第100帧位置处，在【顶】视图中向右移动虚拟物体，并通过摄影机视图观察最终的效果，如图2-29所示。关闭【自动关键点】按钮，切换到【显示】命令面板，打开【按类别隐藏】参数卷展栏，勾选【辅助对象】复选框，将虚拟物体隐藏，效果如图2-30所示。

图2-29 虚拟物体最终动画效果

图2-30 隐藏虚拟物体

步骤5 在【摄影机】对象面板中单击【目标】按钮，在【顶】视图中创建一架摄影机，在【参数】卷展栏中将【镜头】参数设置为23。激活【前】视图，按C键将其转换为摄影机视图，并在其他视图中调整其位置，如图2-31所示。单击【自动关键点】按钮，将时间滑块拖动至第200帧位置处，并在视图中调整摄影机位置，如图2-32所示，然后在轨迹条中选择位于第0帧处的关键帧，将它移动至第100帧位置处。

步骤6 关闭【自动关键点】按钮，激活【Camera001】视图，然后在菜单栏中选择【渲染】|【视频后期处理】命令，弹出【视频后期处理】对话框，单击【添加场景事件】按钮，在打开的【添加场景事件】对话框中使用默认设置，单击【确定】按钮，如图2-33所示。添加场景事件后的效果如图2-34所示。

图2-31 创建并调整摄影机位置

图2-32 在第200帧处调整摄影机位置

图2-33 添加场景事件

图2-34 调整关键帧

步骤7 然后在【视频后期处理】对话框中选择【Camera001】摄影机第200帧处的关键点，并将其移动至第100帧位置处，如图2-35所示。用同样的方法，将第2个摄影机添加到【视频后期处理】对话框中，并将【Camera002】摄影机第0帧处的关键点移动至第100帧位置处，如图2-36所示。

图2-35 添加【Camera002】摄影机并调整关键帧

图2-36 设置渲染输出参数

步骤8 为图像添加图像输出事件，然后在【视频后期处理】对话框中单击【执行序列】按钮，在弹出的对话框中设置场景的渲染输出参数，如图2-37所示。当渲染到第200帧时，效果如图2-38所示。

图2-37 渲染到第100帧的动画效果

图2-38 渲染到第200帧的动画效果

实例11 使用挤出修改器制作光影文字动画

本例将介绍一个光影动画的制作方法。通过【文本】工具制作一个文字图形，并为文字设置厚度和【倒角】来制作产生光影的文字，然后制作一个相同的文字图形，为它指定【挤出】修改器和【锥化】修改器，通过材质来表现光影效果，再通过记录变换动画及修改器参数动画来完成最终的光影文字动画。

学习目标

掌握【倒角】的使用方法
掌握【挤出】和【锥化】的使用方法

制作过程

资源路径：案例文件\Chapter 2\最终文件\制作光影文字动画\制作光影文字动画.max

步骤 1 在制作光影文字之前，先来预览一下最终的效果，如图2-39所示。新建一个空白场景文件，在场景中按S键打开三维捕捉，选择【创建】|【图形】|【样条线】命令，在【对象类型】卷展栏中选择【文本】选项，在【参数】卷展栏中将【字体】设置为【经典黑体简】，在【文本】下面的输入框中输入【新闻头条】，如图2-40所示，然后在【前】视图中0坐标处单击创建【新闻头条】文字标题，并将其命名为【新闻头条】。

图2-39 光影文字最终效果

图2-40 设置文本属性

步骤 2 关闭【三维开关】，确定文本处于选中的状态下，进入【修改】命令面板，在修改器列表中选择【倒角】修改器，在【参数】卷展栏中勾选【避免线相交】复选框，在【倒角值】卷展栏中将【起始轮廓】设置为1，将【级别1】下的【高度】设置为12，勾选【级别2】复选框，将它下面的【高度】和【轮廓】分别设置为1和-1，如图2-41所示。在场景中创建一个目标摄影机，在【顶】视图中创建一个摄影机，切换至【修改】命令面板，在【参数】卷展栏中将【镜头】参数设置为35，并在除【透视】视图外的其他视图中调整摄影机的位置，激活【透视】视图，按C键将当前视图转换为摄影机视图，如图2-42所示。

步骤 3 确定【新闻头条】对象处于选中状态。按M键打开【材质编辑器】对话框。将第1个材质样本球命名为【新闻头条】，在【明暗器基本参数】卷展栏中，将明暗器类型定义为【金属】。在【金属基本参数】卷展栏中，单击 C 按钮，解除【环境光】与【漫反射】的颜色锁定，将【环境光】的RGB值分别设置为0、0、0，单击【确定】按钮；将【漫反射】的RGB值分别设置为255、255、255，单击【确定】按钮；将【反射高光】选项组中的【高光级别】、【光泽度】均设置为100、100，如图2-43所示。打开【贴图】卷展栏，单击【反射】通道右侧的【无】按钮，在打开的【材质/贴图浏览器】对话框中选择【位图】贴图，单击【确定】按钮，然后在打开的对话框中选择配套资源中的案例文件\Chapter 2\最终文件\制作光影文字动画\Gold04.jpg文件，如图2-44所示，单击【打开】按钮，打开位图文件。

图2-41 设置倒角参数

图2-42 创建摄影机视图

图2-43 设置材质球

图2-44 选择位图素材文件

步骤4 在【输出】卷展栏中，将【输出量】设置为1.2，按Enter键确认，然后在场景中选择【新闻头条】对象，单击【将材质指定给选定对象】按钮 ，然后单击【视口中显示明暗处理材质】按钮 ，将材质指定给【新闻头条】对象，如图2-45所示。将时间滑块拖动至第100帧位置处，然后单击【自动关键点】按钮，开启动画记录模式。在【坐标】卷展栏中将【偏移】下的U、V值分别设置为0.2、0.1，如图2-46所示。

图2-45 设置材质后的效果

图2-46 设置偏移值

步骤 5 勾选【位图参数】卷展栏中的【应用】复选框，并单击【查看图像】按钮，在打开的对话框中将当前贴图的有效区域进行设置，在设置完成后将其对话框关闭即可，并将【裁剪/放置】选项组中的W、H分别设置为0.474、0.474，如图2-47所示。设置完成后，退出动画记录模式。在场景中选择【新闻头条】对象，按Ctrl+V组合键对它进行复制，在打开的【克隆选项】对话框中，勾选【对象】选项组下的【复制】单选按钮，将新复制的对象重新命名为【新闻头条光影】，单击【确定】按钮，如图2-48所示。

图2-47 设置位图参数

图2-48 复制对象并命名

步骤 6 单击【修改】按钮，进入【修改】命令面板，在堆栈中选择【倒角】修改器，然后单击堆栈下的【从堆栈中移除修改器】按钮，将【倒角】删除。然后在【修改器列表】中选择【挤出】修改器，在【参数】卷展栏中将【数量】设置为500，按Enter键确认，取消勾选【封口】选项组中的【封口始端】与【封口末端】复选框，如图2-49所示。确定【新闻头条光影】对象处于选中状态，激活第2个材质样本球，将当前材质名称重新命名为【光影材质】。在【明暗器基本参数】卷展栏中勾选【双面】复选框。在【Blinn 基本参数】卷展栏中，将【环境光】和【漫反射】的RGB值分别设置为255、255、255，单击【确定】按钮；将【自发光】值设置为100，按Enter键确认；将【反射高光】选项组中的【光泽度】参数设置为0，按Enter键确认，如图2-50所示。

图2-49 设置挤出参数

图2-50 设置材质参数

步骤 7 打开【贴图】卷展栏，在其中单击【不透明度】通道右侧的【无】按钮，打开【材质/贴图浏览器】对话框，在该对话框中选择【遮罩】贴图，如图2-51所示。单击【确定】按钮，进入到【遮罩】二级材质设置面板中，首先单击贴图右侧的【无】按钮，在打开的【材质/贴图浏览器】对话框中选择【棋盘格】选项，单击【确定】按钮，在打开的【棋盘格】层级材质面板中的【坐标】卷展栏中将【瓷砖】下的【U】和【V】分别设置为250和0.001，打开【噪波】参数卷展栏，勾选【启用】复选框，将【数量】设置为5，按Enter键确认，如图2-52所示。

图2-51 选择【遮罩】贴图

图2-52 设置遮罩参数

步骤8 打开【棋盘格参数】卷展栏，将【柔化】值设置为0.01，按Enter键确认，将【颜色#2】的RGB值分别设置为156、156、156，单击【确定】按钮，如图2-53所示。设置完毕后，选择【转到父对象】按钮，返回到遮罩层级。单击【遮罩】右侧的【无】按钮，在打开的【材质/贴图浏览器】对话框中选择【渐变】贴图，如图2-54所示。

图2-53 设置【棋盘格参数】

图2-54 选择【渐变】贴图

步骤9 在打开的【渐变】层级材质面板中，打开【渐变参数】卷展栏，将【颜色 #2】的RGB值分别设置为0、0、0，将【噪波】选项组中的【数量】值设置为0.1，选中【分形】单选按钮，最后将【大小】设置为5，如图2-55所示。单击两次【转到父对象】按钮返回父级材质面板。在【材质编辑器】对话框中单击【将材质指定给选定的对象】按钮，将当前材质赋予视图中【新闻头条光影】对象，设置完材质后，将时间滑块拖动至第60帧位置处，渲染该帧图像，效果如图2-56所示。

步骤10 继续在【贴图】卷展栏中将【反射】的【数量】设置为5，并单击其后面的【无】按钮，在打开的【材质/贴图浏览器】对话框中选择【位图】贴图，在打开的对话框中选择配套资源中的案例文件\Chapter 2\最终文件\制作光影文字动画\Gold04.jpg文件，单击【打开】按钮，进入【位图】层级面板，在【输出】卷展栏中将【输出量】设置为1.35，如图2-57所示。在场景中选择

【新闻头条光影】对象，单击【修改】按钮，切换到修改命令面板，在【修改器列表】中选择【锥化】修改器，打开【参数】卷展栏，将【数量】设置为1.0，按Enter键确认，如图2-58所示。

图2-55 设置渐变参数

图2-56 渲染第60帧图像效果

图2-57 设置输出量

图2-58 设置【锥化】修改器参数

步骤 11 在场景中选择【新闻头条】和【新闻头条光影】对象，在工具栏中单击【选择并移动】按钮，然后在【顶】视图中沿Y轴将选择的对象移至摄影机下方，如图2-59所示。将视口底端的时间滑块拖动至第60帧位置处，单击【自动关键点】按钮，开启动画记录模式，然后将选择的对象重新移动至移动前的位置处，如图2-60所示。

图2-59 调整所选对象位置

图2-60 在第60帧处调整对象位置

步骤 12 将时间滑块拖动至第80帧位置处，选择【新闻头条光影】对象，在【修改】命令面板中将【锥化】修改器的【数量】值设置为0，按Enter键确认，如图2-61所示。确定当前帧仍然为第80帧。激活【顶】视图，在工具栏中单击【选择并非均匀缩放】按钮并右击，在弹出的【缩放变换输入】对话框中设置【偏移：屏幕】选项组中的Y值为1，如图2-62所示。

图2-61 设置数量值

图2-62 设置缩放值

步骤 13 确定【新闻头条光影】对象仍然处于选中状态。在工具栏中单击【曲线编辑器】按钮，打开【轨迹视图】对话框。选择【编辑器】|【摄影表】命令，如图2-63所示。在打开的【新闻头条光影】序列下选择【变换】|【缩放】选项，将第0帧处的关键点移动至第60帧位置处，如图2-64所示。

图2-63 选择【摄影表】命令

图2-64 调整关键点位置

步骤 14 为其设置环境背景效果，如图2-65所示。将时间滑块移动至第60帧位置，渲染该帧效果，如图2-66所示。

图2-65 设置环境背景效果

图2-66 渲染第60帧效果

第 2 章 常用三维文字标版动画

实例12　使用体积光制作激光文字动画

本例介绍如何创建激光文字，激光文字主要通过施加【挤出】修改器和为其设置动画来创建完成。

学习目标

掌握【挤出】修改器的应用

制作过程

资源路径：案例文件\Chapter 2\最终文件\制作激光文字动画\制作激光文字动画.max

步骤1 在制作激光文字之前，首先来预览一下激光文字的效果，如图2-67所示。新建场景，选择【创建】|【图形】|【文本】命令，在【参数】卷展栏中单击【字体】右侧的下三角按钮，在弹出的下拉菜单中选择【经典特黑简】选项，在【文本】文本框中输入【全球新闻】，在【前】视图中单击鼠标左键创建文字，如图2-68所示。

图2-67　激光文字效果

图2-68　创建文字

步骤2 选择【创建】|【图形】|【矩形】命令，在【前】视图中创建一个【长度】和【宽度】分别为450、650的矩形，如图2-69所示。确认所绘制的矩形处于选中的状态，右击，在弹出的快捷菜单中选择【转换为】|【转换为可编辑样条线】命令，将当期选择集定义为【线段】，在【几何体】卷展栏中单击【附加】按钮，在创建的文本上单击，对其进行附加操作，如图2-70所示。

图2-69　创建矩形

图2-70　附加对象

步骤 3 在修改器下拉列表中选择【挤出】修改器，在【参数】卷展栏中的【数量】文本框中输入10，按Enter键确认。如图2-71所示，选择【创建】|【摄影机】|【标准】|【目标】命令，将【镜头】设置为40mm，在【前】视图中创建一个摄影机，如图2-72所示。

图2-71 选择【挤出】修改器

图2-72 创建目标摄影机

步骤 4 选择创建的摄影机对象，在除【透视】视图外的其他视图中调整摄影机的位置，激活【透视】视图，然后按C键将当前激活的视图转换为摄影机视图，如图2-73所示。选择【创建】|【灯光】|【标准】|【目标聚光灯】命令，在【前】视图中创建一个目标聚光灯，在【常规参数】卷展栏中勾选【阴影】选项组中的【启用】复选框，如图2-74所示。

图2-73 转换的摄影机视图

图2-74 创建目标聚光灯并设置参数

步骤 5 进入【修改】命令面板，在【强度/颜色/衰减】卷展栏中单击【倍增】右侧的颜色框，在弹出的【颜色选择器：灯光颜色】对话框中将【红、绿、蓝】分别设置为253、131、0，如图2-75所示。单击【确定】按钮，单击【远距衰减】选项组中的【使用】复选框，在【开始】文本框中输入435，在【结束】文本框中输入654，在【聚光灯参数】卷展栏中的【聚光区/光束】和【衰减区/区域】文本框中分别输入21.4、37，如图2-76所示。

步骤 6 在【大气和效果】卷展栏中单击【添加】按钮，在弹出的【添加大气效果】对话框中选择【体积光】效果，单击【确定】按钮，在视图中调整目标聚光灯的位置，如图2-77所示。

单击右下角的【时间配置】按钮，在弹出的对话框中将【动画】选项组中的【开始时间】和【结束时间】分别设置为0、50，如图2-78所示。

图2-75 设置倍增颜色

图2-76 设置目标聚光灯参数

图2-77 调整目标聚光灯位置

图2-78 设置开始和结束时间

步骤 7 单击【确定】按钮，单击【自动关键点】按钮，开启动画记录模式，将时间滑块移动至第50帧处，在【前】视图中选择目标聚光灯并将其沿X轴向右移动，添加关键点，如图2-79所示。设置完成后单击【自动关键点】按钮，退出记录动画模式，渲染第25帧位置的效果，如图2-80所示。

图2-79 在第50帧处添加关键点

图2-80 渲染第25帧位置效果

实例13 使用路径变形器制作书写文字动画

　　路径变形器可以将一个对象链接到路径上，然后使该对象沿路径进行运动，本例将通过字母L作为变形路径，然后使圆柱体沿该字母进行运动，最后在【视频后期处理】对话框中添加特效过滤器，从而达到霓虹与辉光发光效果。

学习目标

　　掌握路径变形器的使用方法
　　掌握自动关键点的设置
　　掌握【视频后期处理】对话框的使用

制作过程

　　资源路径：案例文件\Chapter 2\原始文件\制作书写文字动画\制作书写文字动画.max
　　　　　　　案例文件\Chapter 2\最终文件\制作书写文字动画\制作书写文字动画.max

▊▊ 步骤1 在学习制作书写文字动画之前，先预览一下动画的最终效果，如图2-81所示。从本书配套资源中打开该动画的原始场景文件，如图2-82所示。

图2-81 动画最终效果

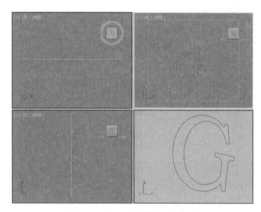

图2-82 打开原始场景文件

▊▊ 步骤2 选择【创建】|【几何体】|【扩展基本体】|【胶囊】命令，在【前】视图中创建一个胶囊，将【名称】设置为【圆柱01】，在【参数】卷展栏中将【半径】、【高度】分别设置为0.5、150，将边数设置为30，将【高度分段】设置为200，如图2-83所示。切换至【修改】命令面板，在【修改器列表】中选择【路径变形绑定（WSM）】修改器，在【参数】卷展栏中单击【拾取路径】按钮，然后在视图中选择G图形作为路径，单击【转到路径】按钮将胶囊移动至路径，如图2-84所示。

▊▊ 步骤3 按M键打开【材质编辑器】对话框，将【路径】材质指定给胶囊，如图2-85所示。关闭【材质编辑器】对话框，选择【创建】|【几何体】|【粒子系统】|【超级喷射】命令，在【前】视图中创建一个超级喷射，并设置其参数如图2-86所示。

▊▊ 步骤4 确认该对象处于选中状态，切换至【运动】命令面板，在【指定控制器】卷展栏中选择【位置：位置XYZ】，单击【指定控制器】按钮，在弹出的对话框中选择【路径约束】选项，如图2-87所示。单击【确定】按钮，在【路径参数】卷展栏中单击【添加路径】按钮，然后在视图中选择G图形作为路径，在【路径选项】区域下将【沿路径】设置为0，并勾选【跟随】复选框，然后在【轴】区域下选择Z轴选项，效果如图2-88所示。

图2-83 设置胶囊参数

图2-84 将胶囊移动至路径

图2-85 为胶囊指定材质

图2-86 创建超级喷射并设置其参数

图2-87 选择【路径约束】选项

图2-88 设置【路径约束】参数

步骤 5 将时间滑块拖动至第0帧处，按N键打开自动关键点记录模式，在视图中选择创建的胶囊对象，在【修改】命令面板中选择Capsule，在【参数】面板中将【高度】设置为2.0，如图2-89所示。将时间滑块拖动至第5帧处，将【高度】设置为20，如图2-90所示。

步骤 6 将时间滑块拖动至第10帧处，将【高度】设置为40，如图2-91所示。添加其他关键帧，效果如图2-92所示，使用同样的方法调整对象的高度。

图2-89 在第0帧处调整对象的高度

图2-90 在第5帧处调整对象的高度

图2-91 在第10帧处调整对象的高度

图2-92 添加其他关键帧

步骤 7 关闭【自动关键点】按钮，选择【渲染】|【视频后期处理】命令，在弹出的对话框中添加两个【镜头效果光晕】过滤器和一个【镜头效果光斑】过滤器，双击第一个【镜头效果光晕】事件，在打开的对话框中单击【设置】按钮进入它的设置面板，单击【VP队列】和【预览】按钮，设置【对象ID】为1，如图2-93所示。选择【首选项】选项卡，选中【颜色】选项组中的【渐变】单选按钮，在【效果】选项组中将【大小】和【柔化】分别设置为1.1、5，如图2-94所示。

图2-93 设置【对象ID】

图2-94 设置【首选项】选项卡

步骤8 选择【噪波】选项卡，在【设置】选项组中将【运动】和【质量】分别设置为2和5，并勾选【红】、【绿】和【蓝】3个复选框，在【参数】选项组中将【大小】和【速度】分别设置为6、0.2，如图2-95所示。完成设置后单击【确定】按钮返回【视频后期处理】对话框，双击第2个【镜头效果光晕】事件，在打开的对话框中单击【设置】按钮进入它的设置面板，单击【VP队列】和【预览】按钮，在【属性】面板中将【对象 ID】设置为2；选择【首选项】选项卡，在【效果】选项组中将【大小】设置为1.5，在【颜色】选项组中勾选【像素】单选按钮，并将【强度】设置为20，如图2-96所示。完成设置后单击【确定】按钮返回【视频后期处理】对话框。

图2-95 设置【噪波】选项卡　　　　　　　　图2-96 设置第2个镜头光晕参数

步骤9 双击【镜头效果光斑】事件，在打开的对话框中单击【设置】按钮进入它的设置面板，单击【VP队列】和【预览】按钮，单击【节点源】按钮，在打开的对话框中选择【SuperSpray001】选项，如图2-97所示，单击【确定】按钮将粒子系统作为发光源，在【首选项】选项卡中只勾选【光晕】、【射线】后面两个复选框，取消其他复选框的勾选，如图2-98所示。

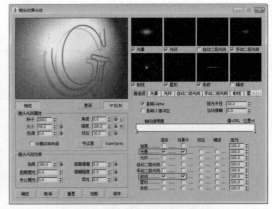

图2-97 选择节点源　　　　　　　　　　　图2-98 设置【首选项】选项卡

步骤10 选择【光晕】选项卡，将【大小】值设置为45，然后根据图2-99所示设置它的颜色，选择【射线】选项卡，将【大小】、【数量】和【锐化】分别设置为45、136和9.9，然后将【径向颜色】左侧颜色设置为白色，将右侧的颜色设置为红色，再根据图2-100所示设置它的颜色。

 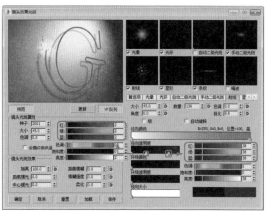

图2-99 设置【光晕】选项卡　　　　　　　图2-100 设置【射线】选项卡

步骤 11 设置完成后，单击【确定】按钮，动画渲染到第33帧时，效果如图2-101所示。动画渲染到第73帧时，效果如图2-102所示。

图2-101 渲染到第33帧的动画效果　　　　　图2-102 渲染到第73帧的动画效果

第3章

修改器动画

在3ds Max的【创建】命令面板中可以选择并创建对象，如几何体、灯光、摄影机和骨骼等，但创建的这些模型对象有时还不完全符合用户的要求，这时就需要在【修改】命令面板中进一步修改对象，如更改对象的原始创建参数、使用修改器修改对象等。

3ds Max为用户提供了多种用于修改对象的修改器，设置不同的修改参数，可以得到许多不同的形状效果。这些修改参数也可以设置为动画，3ds Max将记录对象形状的变化过程，制作各种各样的动画效果。在本章中将向读者讲解使用修改器制作动画的方法。

实例 14 使用噪波修改器制作海面动画

【噪波】修改器是一种用于模拟对象形状随机变化的重要动画工具,它主要通过沿着3个轴的任意组合调整对象顶点的位置,在本例中将详细讲解使用【噪波】修改器制作海面动画效果的设置方法。

学习目标

学会使用【自动关键点】按钮设置海面动画

重点掌握如何使用【噪波】修改器参数设置水面动画

制作过程

资源路径:案例文件\Chapter 3\原始文件\制作海面动画\制作海面动画.max

案例文件\Chapter 3\最终文件\制作海面动画\制作海面动画.max

步骤 1 在学习制作海面动画前,先打开本书配套资源中的最终文件,预览一下该动画的最终效果,如图3-1所示。从本书配套资源中打开海面动画的原始文件,在【Camera01】视图中预览到的场景效果如图3-2所示。

图3-1 海面动画的最终效果 　　　　　　图3-2 打开原始场景文件

步骤 2 在场景中选择【水面】对象,切换到【修改】命令面板,在【修改器列表】中选择【噪波】修改器,如图3-3所示。单击【自动关键点】按钮,开启动画记录模式,拖动时间滑块至第0帧,在【参数】卷展栏中将【噪波】选项组中的【种子】设置为20,将【强度】选项组中的【X】、【Y】、【Z】分别设置为-20、-10、10,如图3-4所示。

步骤 3 拖动时间滑块至第160帧,在【参数】卷展栏中将【噪波】选项组中的【种子】设置为40,将【强度】选项组中的【X】、【Y】、【Z】分别设置为0、20、20,如图3-5所示。再次单击【自动关键点】按钮,退出动画记录模式。在摄影机视图中拖动时间滑块可以预览海面波动的动画效果,预览动画后可在【渲染设置】对话框中设置渲染输出动画,当渲染到第100帧处时,动画效果如图3-6所示。

图3-3 选择【噪波】修改器

图3-4 在第0帧设置参数

图3-5 在第160帧设置参数

图3-6 渲染动画效果

3ds Max 动画制作实例精讲教程

实例15 使用涟漪修改器制作水面涟漪动画

利用Ripple（涟漪）修改器可以在对象几何体中产生同心波纹效果。可以设置两个涟漪中的任意一个或者两个涟漪的组合。涟漪使用标准的Gizmo和中心，可以变换提高可能的涟漪效果。

学习目标

了解【涟漪】（Ripple）修改器的参数功能

掌握【涟漪】修改器的动画参数设置方法

制作过程

资源路径：案例文件\Chapter 3\原始文件\制作水面涟漪动画\制作水面涟漪动画.max

案例文件\Chapter 3\最终文件\制作水面涟漪动画\制作水面涟漪动画.max

步骤1 在学习使用【涟漪】修改器制作动画之前，先预览本例的涟漪动画效果，如图3-7所示。打开本书配套资源中的水面涟漪动画场景原始文件，如图3-8所示。

图3-7 涟漪动画最终效果　　　　图3-8 打开原始场景文件

步骤2 在场景文件中选择【水面】对象，切换至【修改】命令面板，在修改器下拉列表中选择【涟漪】修改器，如图3-9所示。将时间滑块拖动至第0帧，单击【自定关键点】按钮，在【参数】卷展栏中将【振幅1】、【振幅2】、【波长】、【相位】、【衰退】分别设置为15、10、15、2、0.006，如图3-10所示。

图3-9 选择【涟漪】修改器　　　　图3-10 在第0帧处设置参数

步骤3 将时间滑块拖动至第80帧，在【参数】卷展栏中将【振幅1】、【波长】、【相位】分别设置为10.7、45、5，如图3-11所示。将时间滑块拖动至第200帧，在【参数】卷展栏中将【振幅1】、【振幅2】、【波长】分别设置为13.2、8.62、27.5，如图3-12所示。

提示：振幅1/振幅2："振幅1"在一个方向的对象上产生涟漪，而"振幅2"为第一个右角（也就是说，围绕垂直轴旋转90度）创建相似的涟漪。波长：指定波峰之间的距离。波长越长，给定振幅的涟漪越平滑越浅。默认值为50.0。相位：转移对象上的涟漪图案。正数使图案向内移动，而负数使图案向外移动。当设置动画时，该效果变得特别清晰。衰退：限制从中心生成的波的效果。

第 3 章 修改器动画

图3-11 在第80帧处设置参数　　　　　　　　图3-12 在第200帧处设置参数

实例16　使用融化修改器制作冰淇淋动画

本例通过讲解制作冰淇淋融化的方法，介绍【融化】修改器的使用方法，以及使用【融化】修改器参数设置动画关键帧的方法。

学习目标

掌握【融化】修改器的参数应用

学会使用【自动关键点】按钮设置融化的关键帧

学会使用FFD【自由变形】修改器修改冰淇淋的融化形状

制作过程

资源路径：案例文件\Chapter 3\原始文件\制作冰淇淋动画\制作冰淇淋动画.max

　　　　　案例文件\Chapter 3\最终文件\制作冰淇淋动画\制作冰淇淋动画.max

步骤1 在学习制作冰淇淋融化动画前，先打开本书配套资源中的最终文件，预览一下该动画的最终效果，如图3-13所示。从本书配套资源中打开冰淇淋场景的原始文件，在摄影机视图中预览到的场景效果如图3-14所示。

图3-13 冰淇淋动画的最终效果　　　　　　图3-14 打开原始场景文件

步骤2 选择冰淇淋对象，在修改器下拉列表框中选择【融化】修改器，如图3-15所示，单击【自动关键点】按钮，开启动画记录模式，将时间滑块移至第60帧处，在【融化】修改器的参数面板中设置【融化】选项组中的【数量】为25，如图3-16所示。

图3-15 选择【融化】修改器

图3-16 设置【融化】参数

步骤3 在【扩散】选项组中将【融化百分比】参数设置为100，查看冰淇淋的融化效果，如图3-17所示。在修改器下拉列表框中为冰淇淋应用FFD3×3×3修改器，并在第60帧处调整控制点，如图3-18所示，修改冰淇淋的形状。

图3-17 设置扩散参数

图3-18 调整控制点

步骤4 单击【自动关键点】按钮，退出动画记录模式，在视图中拖动时间滑块预览冰淇淋的融化效果，图3-19所示为第40帧处冰淇淋的形状效果。在【渲染设置】对话框中设置好动画的渲染输出参数后，单击【渲染】按钮渲染动画，效果如图3-20所示。

提示："融化"修改器使用户可以将实际融化效果应用到所有类型的对象上，包括可编辑面片和 NURBS 对象，同样也包括传递到堆栈的子对象选择。选项包括边的下沉、融化时的扩张以及可自定义的物质集合，这些物质的范围包括从坚固的塑料表面到在其自身上塌陷的冻胶类型。

图3-19 第50帧处冰淇淋形状效果　　　　　　　　图3-20 渲染输出动画效果

 实例17　使用毛发和头发修改器制作小草生长动画

　　【毛发和头发】修改器是头发和毛发功能的核心所在，该修改器可应用于要生长头发的任意对象，既可为网格对象也可为样条线对象。下面将介绍使用该修改器制作小草生长动画的操作方法。

学习目标

　　掌握【毛发和头发】修改器的参数设置方法

　　掌握使用【自动关键点】按钮设置毛发的生长关键帧的文件

制作过程

　　资源路径：案例文件\Chapter 3\原始文件\制作小草生长动画\制作小草生长动画.max
　　　　　　　　案例文件\Chapter 3\最终文件\制作小草生长动画\制作小草生长动画.max

　■　步骤1 在学习使用【毛发和头发】修改器制作小草动画的方法之前，先预览小草的最终效果，如图3-21所示。打开本书配套资源中的小草动画原始场景文件，如图3-22所示。

图3-21 小草动画最终效果　　　　　　　　　　图3-22 原始场景文件

　■　步骤2 使用【圆】工具在【顶】视图中绘制一个圆形，并将其【半径】设置为570，如图3-23所示，切换至【修改】命令面板，在修改器下拉列表中选择【挤出】修改器，将【数量】设置为5，在视图中调整其位置，如图3-24所示。

图3-23 设置圆半径

图3-24 选择【挤出】修改器后的效果

█████ 步骤3 在修改器下拉列表中选择【Hair和Fur（WSM）】修改器，打开【材质参数】卷展栏，将【梢颜色】的RGB值设置为78、194、0，将【根颜色】的RGB值设置为0、88、10，如图3-25所示。将对象的颜色设置为土黄色，打开【常规参数】卷展栏，单击【自动关键点】按钮，将时间滑块拖动至第0帧，将【剪切长度】设置为31，如图3-26所示。

图3-25 设置材质参数

图3-26 设置【剪切长度】参数

█████ 步骤4 将时间滑块拖动至第100帧处，将【剪切长度】设置为100，如图3-27所示。设置完成后，单击【自动关键点】按钮，在第100帧处渲染小草的生长效果，如图3-28所示。

图3-27 设置第100帧处的【剪切长度】参数

图3-28 在第100帧处渲染小草生长效果

实例18　使用波浪修改器制作波浪文字动画

　　【波浪】修改器能在对象上产生波浪效果。可以使用两种波浪之一，也可以将两种波浪组合使用。波浪使用标准 Gizmo 和中心，可以进行变换从而增加可能的波浪效果。下面将通过制作一个波浪文字动画来讲解使用【波浪】修改器设置动画的方法。

学习目标

　　掌握摄影机动画的制作方法

　　理解【波浪】修改器参数的含义

　　掌握设置【波浪】修改器参数关键帧的方法

制作过程

　　资源路径：案例文件\Chapter 3\原始文件\制作波浪文字动画\制作波浪文字动画.max

　　　　　　案例文件\Chapter 3\最终文件\制作波浪文字动画\制作波浪文字动画.max

　　步骤1 在学习使用【波浪】修改器制作文字动画的方法之前，先预览文字动画的最终效果，如图3-29所示。打开本书配套资源中的波浪文字动画原始场景文件，如图3-30所示。

图3-29　波浪文字动画最终效果　　　　　　　　图3-30　打开原始场景文件

　　步骤2 在【摄影机】对象面板中单击【目标】按钮，在场景中创建摄影机，激活【透视】视图，按C键将其转换为摄影机视图，并在其他视图中调整摄影机，如图3-31所示。选择创建的摄影机，单击【自动关键点】按钮，开启动画记录模式，拖动滑块至第30帧，然后单击【设置关键点】按钮 ⊶，添加关键帧，如图3-32所示。

图3-31　创建并调整摄影机　　　　　　　　图3-32　添加关键帧

> 提示: "波浪修改器在对象几何体上产生波浪效果。波浪使用标准Gizmo和中心,可以变换从而增加可能的波浪效果。

■■ 步骤 3 拖动时间滑块至第0帧处,然后在视图中调整摄影机,如图3-33所示。再次单击【自动关键点】按钮,关闭动画记录模式。在场景中选择文字对象,切换到【修改】命令面板,在修改器列表中选择【波浪】修改器,如图3-34所示。

图3-33 调整摄影机

图3-34 选择【波浪】修改器

■■ 步骤 4 单击【波浪】修改器左侧的+号按钮,展开子列表集,然后选择【Gizmo】选项,如图3-35所示。在工具栏中选择【选择并旋转】按钮,然后旋转选择对象,如图3-36所示。

图3-35 选择【Gizmo】选项

图3-36 旋转选择对象

■■ 步骤 5 关闭当前选择集,单击【自动关键点】按钮,开启动画记录模式,拖动时间滑块至第30帧,在【参数】卷展栏中将【振幅1】、【振幅2】、【相位】分别设置为5、20、0,如图3-37所示。拖动时间滑块至第100帧,在【参数】卷展栏中将【相位】设置为5,如图3-38所示。

图3-37 在第30帧设置参数

图3-38 设置相位

步骤6 单击主工具栏中的【渲染设置】按钮 🖼️，弹出【渲染设置】对话框，将渲染尺寸设置为640像素×480像素，并渲染文字动画，其中渲染到第19帧和第50帧的效果分别如图3-39和图3-40所示。

图3-39 渲染到第19帧的文字动画效果

图3-40 渲染到第50帧的文字动画效果

实例19 使用弯曲修改器制作翻书动画

使用【弯曲】修改器修改几何体对象，它允许将当前选择对象围绕单独轴旋转360°，在对象几何体中产生均匀弯曲的效果，可以在X、Y、Z 3个轴上控制弯曲的角度和方向，这些参数可以设置为动画效果。在本例中将会使用【弯曲】修改器设置书页的翻动效果，同时还使用了FFD（长方体）修改器调整书本的形状，下面将详细地演示翻书动画的制作方法。

学习目标

掌握在【层次】命令面板中调整对象坐标轴点位置的方法

掌握FFD（长方体）修改器的使用方法

掌握【弯曲】修改器参数的设置

制作过程

资源路径：案例文件\Chapter 3\原始文件\制作翻书动画\制作翻书动画.max

案例文件\Chapter 3\最终文件\制作翻书动画\制作翻书动画.max

步骤1 本例主要利用在【自动关键点】模式下，将【弯曲】修改器应用到书本上制作弯曲的翻页效果，如图3-41所示。从本书配套资源中打开翻书动画的原始文件，如图3-42所示。

图3-41 翻书动画的最终效果

图3-42 打开翻书动画的原始文件

步骤2 选择场景中书本的左侧部分，进入【修改】命令面板，从修改器下拉列表框中选择添加FFD（长方体）修改器，如图3-43所示。将当前选择集定义为【控制点】，选择并移动控制点以更改书本的形状，如图3-44所示。

图3-43 添加FFD（长方体）修改器

图3-44 移动控制点更改书本形状

步骤3 关闭当前选择集，在修改器堆栈列表框中选择FFD（长方体）修改器并右击，在弹出的快捷菜单中选择【复制】命令，如图3-45所示。在场景中选择书本的右边部分，在修改器堆栈中右击，在弹出的快捷菜单中选择【粘贴】命令，如图3-46所示。

图3-45 复制修改器

图3-46 粘贴修改器

> 提示：在同一个场景中对象的修改器可以进行复制或粘贴，这样不仅能产生相同的修改效果，同时也能节省调整的时间，提高工作效率。

步骤4 在【透视】视图中预览书的修改效果，如图3-47所示。选择书本中央的书页对象，进入【层次】命令面板，单击【仅影响轴】按钮，如图3-48所示。

步骤5 切换到【前】视图，将书页的坐标轴点移动至靠近桌面的位置处，如图3-49所示。调整完成后，单击【仅影响轴】按钮，将其关闭，进入【修改】命令面板，在修改器下拉列表框中选择添加【弯曲】修改器，如图3-50所示。

步骤6 单击【自动关键点】按钮，开启动画记录模式，在第0帧处设置【弯曲】修改器的【角度】参数为162°，将【弯曲轴】设置为X，如图3-51所示。将时间滑块移至第120帧处，设置

【弯曲】修改器的【角度】参数为−110°，如图3-52所示。

图3-47　书本的修改效果

图3-48　层次命令面板

图3-49　移动坐标轴点

图3-50　添加【弯曲】修改器

提示：使用【弯曲】修改器修改对象时，可以调整它的Gizmo子对象层级，可以在此子对象层级上对Gizmo进行变换并设置动画，也可以改变弯曲修改器的效果。转换Gizmo 将以相等的距离转换它的中心。根据中心转动和缩放 Gizmo。

图3-51　设置第0帧处的弯曲参数

图3-52　设置第120帧处的弯曲参数

步骤 7 在修改器下拉列表框中选择添加FFD4×4×4修改器，将当前选择集定义为【控制点】，在第0帧处将控制点移动调整为如图3-53所示的形状，将时间滑块向前移至第120帧处，再次移动修改器的控制点，如图3-54所示。

图3-53 第0帧处的控制点位置

图3-54 第120帧处的控制点位置

 步骤 8 在摄影机视图中预览书页翻开的效果，如图3-55所示。单击【自动关键点】按钮，退出动画记录模式，关闭当前选择集。单击【播放动画】按钮 ▶，播放预览动画，检查翻页过程中书页的位置是否正确，如图3-56所示。

图3-55 书页翻开状态效果

图3-56 预览检查动画

步骤 9 选择书页对象并右击，在弹出的快捷菜单中选择【对象属性】命令，如图3-57所示。在弹出的对话框中选择【图像】单选按钮，将【运动模糊】选项组的【倍增】设置为0.5，如图3-58所示。

图3-57 选择【对象属性】命令

图3-58 渲染运动模糊效果

步骤 10 在场景中播放预览动画，确认准确无误后按F10键快速打开【渲染设置】对话框，设置动画的渲染范围、输出格式和大小尺寸等信息，最后单击【渲染】按钮渲染动画。渲染到第30帧处的效果如图3-59所示，渲染到120帧处的效果如图3-60所示。

图3-59 渲染到第30帧的动画效果

图3-60 渲染到第120帧的动画效果

 # 实例20 使用柔体修改器制作触须动画

【柔体】修改器使用对象顶点之间的虚拟弹力线模拟软体动力学效果，可以设置弹力线的刚度，设置如何拉伸，以及它们可移动的距离，此系统的最简单功能是使顶点妨碍对象移动，在本例中将讲解利用【柔体】修改器制作螳螂触须动画的制作方法。

学习目标

了解【柔体】修改器的参数功能
掌握设置【柔体】修改器参数动画的方法
使用【自动关键点】按钮设置旋转动画的方法

制作过程

资源路径：案例文件\Chapter 3\原始文件\制作触须动画\制作触须动画.max
案例文件\Chapter 3\最终文件\制作触须动画\制作触须动画.max

步骤1 在学习制作螳螂触须动画之前，先打开本书配套资源中的螳螂触须动画最终文件，预览螳螂的最终动画效果，如图3-61所示。打开该动画场景的原始文件，在【透视】视图中预览场景，如图3-62所示。

图3-61 螳螂最终动画效果

图3-62 打开场景文件

步骤2 选择螳螂的头部，切换至【修改】命令面板，在修改器下拉列表中选择【柔体】修改器，如图3-63所示。在【参数】面板中将【柔软度】、【强度】和【倾斜】分别设置为1、3、

7，勾选【使用跟随弹力】和【使用权重】复选框，如图3-64所示。

图3-63 选择【柔体】修改器

图3-64 设置【柔体】参数

步骤3 单击【自动关键点】按钮，开启动画记录模式，如图3-65所示。将时间滑块移至第23帧处，在工具栏中单击【选择并旋转】按钮，在【前】视图中沿Z轴旋转-61°，如图3-66所示。

图3-65 开启动画记录模式

图3-66 设置第23帧的动画效果

步骤4 将时间滑块移至第30帧处，将螳螂的头部沿Z轴向右旋转118°，设置第3个关键点，如图3-67所示。关闭自动关键点，在修改器下拉列表框中选择【网格平滑】修改器，将模型细分，如图3-68所示。

图3-67 设置第30帧处的关键点

图3-68 添加【网格平滑】修改器

步骤 5 在视图中单击【播放动画】按钮▶，播放预览螳螂头部触须移动的效果，如图3-69所示。在触须移动时头部的肌肉也随着变化，如图3-70所示。

> 提示：在移动调整顶点对象时，可以使用一个【体积选择】修改器来快速选择调整顶点。

图3-69 触须移动效果

图3-70 头部肌肉随着触须变化

步骤 6 播放预览动画的连贯性后，按F10键快速打开【渲染设置】对话框，设置动画的渲染尺寸为640×480，并设置保存为AVI动画格式，如图3-71所示，单击【渲染】按钮渲染输出动画。渲染到第28帧处时，动画效果如图3-72所示。

图3-71 【渲染设置】对话框

图3-72 渲染到第28帧处的动画效果

实例21 使用拉伸修改器制作跳动的球体

【拉伸】修改器可以用来模拟挤压和拉伸变形的传统动画效果，它是沿着特定的拉伸轴应用缩放效果，并沿着剩余的其他两个轴应用相反的缩放效果，下面将通过塑料球变形的动画实例，来详细讲解将【拉伸】修改器的参数设置为动画的方法。

学习目标

掌握【拉伸】修改器的参数功能
学会使用【拉伸】修改器的参数设置变形动画

制作过程

资源路径：案例文件\Chapter 3\原始文件\制作跳动的球体\制作跳动的球体.max
案例文件\Chapter 3\最终文件\制作跳动的球体\制作跳动的球体.max

步骤 1 在学习制作塑料球变形动画之前，先打开动画的最终效果预览一下，如图3-73所示。拖动时间滑块至第90帧，在场景中选择球体，单击【自动关键点】按钮，使用【选择并移动】工具，将其向右移动至合适的位置，如图3-74所示。

图3-73 跳动的球体动画最终效果

图3-74 移动球体

步骤 2 将时间滑块移动至第30帧位置处，进入【运动】面板，在【创建关键点】区域中单击【位置】按钮，在第30帧位置创建一个位移关键帧，如图3-75所示。将时间滑块移动至第60帧位置处，单击【位置】按钮，在第60帧位置添加一个位移关键帧，如图3-76所示。

图3-75 在第30帧创建位移关键帧

图3-76 在第60帧创建位移关键帧

步骤 3 选择第0帧的关键帧，按Shift键的同时将其移动至第5帧位置处，复制一个关键帧，如图3-77所示。选择位于第30帧处的关键帧，按Shift键在第25帧处复制一个关键帧，在第35帧处复制一个关键帧，如图3-78所示。

图3-77 在第5帧处复制关键帧

图3-78 在第25帧和第35帧处复制关键帧

步骤 4 选择位于第60帧的关键帧，分别在第55帧、第65帧位置复制该关键帧，如图3-79所示。选择位于第90帧处的关键帧，按Shift键在第85帧处复制一个关键帧，如图3-80所示。

图3-79 在第55帧、第65帧复制关键帧　　　　　图3-80 在第85帧复制关键帧

提示：复制关键帧时，在屏幕底部的信息栏中会提示复制关键点（S）从0复制到5（S）的信息。

步骤 5 切换至【前】视图，将时间滑块移动至第15帧位置，使用【选择并移动】工具选择球体，在屏幕底端的Z轴输入框中输入180，如图3-81所示。将时间滑块移动至第45帧位置，在Z轴输入框中输入180，如图3-82所示。

图3-81 记录球体沿Z轴向上移动的动画 1　　　　图3-82 记录球体沿Z轴向上移动的动画2

步骤 6 将时间滑块移动至第75帧位置处，并在Z轴输入框中输入180，如图3-83所示。在工具栏中单击【曲线编辑器】按钮。在左侧的【对象】序列下选择【篮球】，将该序列下的【变换】|【位置】打开，选择【X位置】选项，再选择所有的关键帧，将它们的类型设置为线性，如图3-84所示。

步骤 7 退出动画模式，切换至【修改】命令面板，在【修改器列表】列表中选择【拉伸】修改器，将当前集定义为【中心】，再在【前】视图中沿Y轴将拉伸修改器的中心点调整到球体的底端，如图3-85所示。将当前集定义为【Gizmo】，在工具栏中选择【均匀缩放】工具，将拉伸修改器的线框放大至170%，如图3-86所示。

图3-83 记录球体沿Z轴向上移动的动画 3

图3-84 修改X轴向上的关键点类型

图3-85 调整中心点

图3-86 放大拉伸修改器的线框

步骤 8 关闭当前选择集，在【参数】卷展栏中将【拉伸】值设置为-0.3，将时间滑块移动至第0帧位置，如图3-87所示。将时间滑块移动至第15帧，单击【自动关键点】按钮，在【参数】卷展栏中将拉伸修改器的【拉伸】值设置为0.1，如图3-88所示。

图3-87 调整拉伸修改器的线框

图3-88 记录拉伸修改器的动画

步骤 9 将时间滑块移动至第30帧位置，将拉伸修改器的【拉伸】值设置为-0.3，如图3-89所示。将时间滑块移动至第45帧位置，将拉伸修改器的【拉伸】值设置为-0.3，如图3-90所示。

图3-89 记录拉伸修改器的动画1

图3-90 记录拉伸修改器的动画2

步骤 10 使用同样的方法在第60帧位置处将【拉伸】值设置为0.1，在第75帧位置处将【拉伸】值设置为-0.1，在第90帧位置处将【拉伸】值设置为0，观察球体的位置和变化，如图3-91所示。在【修改器列表】中选择【X变换】修改器，将当前集定义为【Gizmo】，为球体制作一个变形线框修改器。将时间滑块移动至第5帧位置，单击【自动关键点】按钮，在工具栏中选择【旋转】工具，在【前】视图中沿Z轴将球体旋转-20°，如图3-92所示。

图3-91 观察球体的位置和变化

图3-92 旋转球体

步骤 11 使用同样的方法在第90帧位置将球体沿Z轴旋转480°，如图3-93所示。设置完成后在摄影机视图中观察效果，如图3-94所示。

图3-93 设置旋转角度

图3-94 在摄影机视图中观察效果

实例 22　使用路径变形制作文字动画

本例主要讲解使用【路径变形（WSM）】与【倒角】修改器来制作文字跟随路径运动的动画效果。

学习目标

掌握【路径变形（WSM）】修改器的使用方法

掌握【倒角】修改器的使用方法

制作过程

资源路径：案例文件\Chapter 3\原始文件\制作路径变形文字动画\路径变形文字动画.max

案例文件\Chapter 3\最终文件\制作路径变形文字动画\路径变形文字动画.max

步骤1 在学习制作文字动画之前，先打开本书配套资源中的动画最终效果，预览文字动画的最终效果，如图3-95所示。在本书配套资源中打开本例的原始文件，如图3-96所示。

图3-95 文字动画最终效果

图3-96 打开原始场景文件

步骤2 选择【创建】|【图形】|【样条线】|【螺旋线】命令，在【前】视图中绘制螺旋线，切换到【修改】命令面板中，将【半径1】和【半径2】都设为12，将【高度】和【圈数】分别设为90和3.722，选择【顺时针】单选按钮，调整位置，效果如图3-97所示。选择【创建】|【图形】|【样条线】|【文本】命令，将【字体】设为【Arial Black】，将【大小】设为15，然后在文本框中输入文字，可以根据自己的需要输入相应的英文，在【前】视图中单击创建文本，如图3-98所示。

图3-97 创建螺旋线

图3-98 创建文字

步骤 3 选择上一步创建的文本，将材质编辑器中的文字材质指定给选定对象，并对其添加【倒角】修改器，在【倒角值】卷展栏中将【级别1】下的【高度】设为2，勾选【级别2】复选框，分别将【高度】和【轮廓】设为0.1和-0.1，如图3-99所示。选择创建的文本对其添加【路径变形（WSM）】修改器，如图3-100所示。

图3-99 添加倒角修改器

图3-100 添加【路径变形（WSM）】修改器

提示：【路径变形（WSM）】修改器是一种用途非常广泛的动画控制器，在需要对象沿线路轨迹运动并且不发生变形时是非常常用的一种修改器。

步骤 4 在【参数】卷展栏中单击【拾取路径】按钮，在视图中拾取创建的螺旋线，然后单击【转到路径】按钮，将【路径变形轴】定义为X，如图3-101所示，单击【时间配置】按钮，弹出【时间配置】对话框，将【结束时间】设为300，单击【确定】按钮，如图3-102所示。

图3-101 拾取路径

图3-102 设置时间

步骤 5 选择文字切换到【修改】命令面板中选择【路径变形绑定（WSM）】修改器，单击【自动关键点】按钮，开启动画记录模式，将时间滑块移动到0帧处，在【参数】卷展栏中将【百分比】设为-96，效果如图3-103所示，将时间滑块移动到300帧位置，将【百分比】设为186.5，此时系统会自动添加关键帧，取消动画记录模式，如图3-104所示。

图3-103 添加关键帧

图3-104 在第300帧添加关键帧

步骤6 设置完成后，关闭自动关键点模式，在视图中拖动时间滑块查看效果，如图3-105所示。将时间滑块移至第150帧处，渲染查看效果，如图3-106所示。

图3-105 预览效果

图3-106 第150帧处的效果

第 4 章

摄影机动画

3ds Max中的摄影机拥有超现实摄影机的能力，更换镜头动作可以瞬间完成，无级变焦更是真实摄影机所无法比拟的。对于景深的设置，直观地用范围表示，而无须通过光圈计算。对于摄影机的动画，除了位置变动外，还可以表现焦距、视角和景深等动画效果。摄影机在建筑漫游动画中也起到了非常重要的作用。

实例 23　使用摄影机制作室内浏览动画

当【自动关键点】或【设置关键点】按钮处于活动状态时，通过在不同的关键帧中变换或更改其创建参数，可以设置摄影机动画，3ds Max 可以在关键帧之间插补摄影机变换和参数值，就像其用于对象几何体一样。

学习目标

学会使用目标摄影机设置动画关键帧

制作过程

资源路径：案例文件\Chapter 4\原始文件\制作室内浏览动画\制作室内浏览动画.max

案例文件\Chapter 4\最终文件\制作室内浏览动画\制作室内浏览动画.max

步骤 1　在学习使用摄影机制作室内浏览动画之前，先预览本例的最终效果，如图4-1所示，打开本书配套资源中的原始场景文件，如图4-2所示，在【透视】视图中观察场景。

图4-1　摄影机室内浏览动画效果

图4-2　打开原始场景文件

步骤 2　激活【透视】视图，按Ctrl+C组合键，快速创建一个摄影机，如图4-3所示，单击【自动关键点】按钮 自动关键点，开启动画记录模式，如图4-4所示。

图4-3　创建摄影机

图4-4　开启动画记录模式

提示：当添加目标摄影机时，3ds Max将自动为该摄影机指定注视控制器，摄影机目标对象指定为"注视"目标。用户可以使用"运动"命令面板上的控制器设置将场景中的任何其他对象指定为"注视"目标。

步骤 3 切换到【顶】视图中，在第0帧处调整摄影机的位置，如图4-5所示。拖动时间滑块移至第151帧处，将摄影机对象移动一段距离，目标对象保持不变，如图4-6所示。

图4-5 设置第0帧的摄影机位置

图4-6 设置第151帧的摄影机位置

步骤 4 按C键快速切换到摄影机视图，预览摄影机视图的效果，如图4-7所示。在第200帧处移动摄影机的目标位置，如图4-8所示。

图4-7 预览摄影机视图效果

图4-8 设置目标对象在第200帧的关键点

步骤 5 按C键快速切换到摄影机视图，预览第200帧的摄影机效果，如图4-9所示。将时间滑块移至第302帧，移动调整摄影机的目标对象，将它的位置调整为如图4-10所示的效果。

图4-9 第200帧的摄影机效果

图4-10 设置第302帧目标的关键点

提示：制作摄影机的动画方法有很多种，可以使用动画约束为摄影机和目标对象添加约束，让摄影机按照移动的方式自动运动。

步骤 6 将视图切换到摄影机视图中，观察第300帧的摄影机视图效果，如图4-11所示。单击【自动关键点】按钮 自动关键点 ，退出动画记录模式，单击【渲染产品】按钮 ，渲染第100帧的室内浏览动画，效果如图4-12所示。

图4-11 第300帧的摄影机视图效果

图4-12 渲染第100帧的动画

步骤 7 拖动时间滑块在视图中预览动画，在第200帧处时，渲染动画静帧效果，如图4-13所示，渲染第300帧的摄影机动画如图4-14所示。

图4-13 渲染第200帧的摄影机动画

图4-14 渲染第300帧的摄影机动画

 实例 24 使用摄影机制作穿梭动画

在3ds Max中包括【目标】和【自由】两种摄影机，这两种摄影机都可以用来制作动画。下面将介绍使用【自由】摄影机设置摄影机穿梭动画的操作方法。

学习目标

掌握【自由】摄影机的位置变换方法

熟练使用【自动关键点】按钮设置摄影机的关键点

制作过程

资源路径：案例文件\Chapter 4\原始文件\制作穿梭动画\制作穿梭动画.max

案例文件\Chapter 4\最终文件\制作穿梭动画\制作穿梭动画.max

第 4 章 摄影机动画

71

> 步骤1 自由摄影机的穿梭动画最终效果如图4-15所示。从本书配套资源中打开本例的原始文件，如图4-16所示，该场景文件为一个峡谷场景。

图4-15 穿梭动画最终效果

图4-16 打开原始场景文件

> 步骤2 激活【透视】视图，按Ctrl+C组合键创建摄影机，如图4-17所示。在各个视图中调整摄影机的位置，如图4-18所示。

图4-17 创建摄影机

图4-18 调整摄影机的位置

> 提示：自由摄影机的初始方向是沿着单击视口的活动构造网格的负Z轴方向的。由于摄影机是在活动的构造平面上创建的，在此平面上也可以创建几何体，所以在"摄影机"视口中查看对象之前必须移动摄影机。从若干视口中检查摄影机的位置以将其校正。

> 步骤3 单击【自动关键点】按钮 自动关键点，将时间滑块拖动至第40帧处，使用【选择并移动】工具 ✛ 调整摄影机的位置，如图4-19所示。将时间滑块拖动至第80帧处，再次对摄影机进行调整，如图4-20所示。

图4-19 调整第40帧处摄影机的位置

图4-20 调整第80帧处摄影机的位置

步骤4 使用同样的方法在其他帧调整摄影机位置，如图4-21所示。设置完成后，单击【自动关键点】按钮，然后按F10键打开【渲染设置】对话框，在该对话框中设置渲染输入，当渲染到第135帧处时，效果如图4-22所示。

图4-21 在其他帧上调整摄影机的位置　　　图4-22 渲染摄影机第135帧处的效果

提示：设置了动画渲染的帧范围参数和保存格式后，开始渲染帧范围时，如果没有指定保存动画的文件（使用【文件】按钮），将会出现一个警告对话框进行提示。渲染动画将花费很长时间，而且通常渲染帧的范围时，不将所有帧保存到一个文件是毫无意义的。

实例25　使用摄影机制作环游动画

摄影机对象不仅可以在【自动关键点】模式下设置动画，还可以通过约束来设置动画。本例将讲解使用路径约束为摄影机对象设置环游动画，详细介绍了摄影机在约束动画中的使用技巧。

学习目标

创建自由摄影机

掌握路径约束的添加方法

制作过程

资源路径：案例文件\Chapter 4\原始文件\制作环游动画\制作环游动画.max

案例文件\Chapter 4\最终文件\制作环游动画\制作环游动画.max

步骤1 本例将介绍如何使用摄影机对象制作约束动画，在学习制作方法之前，先预览摄影机环游动画的最终效果，如图4-23所示。在本书配套资源中打开原始场景文件，如图4-24所示。

步骤2 选择【创建】|【摄影机】|【自由】工具，在【前】视图中创建摄影机，如图4-25所示，并旋转其角度和位置，激活【透视】视图，按C键转换为摄影机视图，确认摄影机处于选中状态，在菜单栏中选择【动画】|【约束】|【路径约束】命令，如图4-26所示。

图4-23 摄影机环游动画效果

图4-24 打开原始场景文件

图4-25 创建摄影机

图4-26 选择【路径约束】命令

步骤 3 在视图中拾取路径，拾取后的效果如图4-27所示，在场景中右击，在弹出的快捷菜单中选择【全部取消隐藏】命令，效果如图4-28所示。

图4-27 拾取路径后的效果

图4-28 取消对象隐藏后的效果

步骤 4 切换至【运动】命令面板，在【路径选项】选项组中勾选【跟随】复选框，取消勾选【恒定速度】复选框，在视图中对摄影机进行调整，参数设置如图4-29所示。设置完成后，按F9键进行渲染，效果如图4-30所示。

提示：在通过【动画】菜单中指定【路径】约束时，3ds Max 会将一个【位置列表】控制器指定给对象。在【位置列表】卷展栏中可以找到【路径约束】，这是实际的路径约束控制器。要查看带有约束设置的【路径参数】卷展栏，在列表框中双击【路径约束】即可。

图4-29 摄影机参数设置

图4-30 渲染后的效果

 实例 26 使用摄影机制作旋转动画

摄影机对象在建筑动画中起着非常重要的作用，设计者可以运用摄影机设置任意的动画效果，以便更好地浏览场景对象。

下面将讲解使用摄影机对象制作旋转动画效果的方法。

学习目标

掌握设置摄影机对象的运动关键帧

制作过程

资源路径：案例文件\Chapter 4\原始文件\制作旋转动画\制作旋转动画.max

案例文件\Chapter 4\最终文件\制作旋转动画\制作旋转动画.max

步骤 1 摄影机旋转动画的制作方法很简单，只需将摄影机对象设置几个关键点，使它的运动轨迹成斜线或弧线即可，在学习之前先预览一下本例的最终效果，如图4-31所示。从配套资源中打开本例的原始场景文件，如图4-32所示。

图4-31 摄影机旋转动画最终效果

图4-32 打开原始场景文件

提示：这里的摄影机动画可以采用【弧】按钮在视图中沿着轨道绘制一条弧形的路径，将摄影机的目标对象约束到路径上，即可自动生成动画。

步骤2 选择【透视】视图，按Ctrl+C组合键快速创建一盏摄影机对象，如图4-33所示。按F9键可快速渲染，效果如图4-34所示。

图4-33 创建摄影机对象

图4-34 观察场景效果

步骤3 单击【自动关键点】按钮，开启动画记录模式。将视图切换到【顶】视图，将摄影机对象移动到水渠上，如图4-35所示。将时间滑块移动至第20帧位置，在视图中调整摄影机的位置，切换至摄影机视图观察此时的场景效果，如图4-36所示。

图4-35 移动摄影机对象

图4-36 摄影机视图场景效果

步骤4 将时间滑块移至第50帧处，将摄影机对象向左移动一段距离，效果如图4-37所示，按C键进入摄影机视图，观察此时的场景效果，如图4-38所示。

图4-37 设置第50帧的摄影机位置

图4-38 摄影机视图场景效果

步骤5 将时间滑块移至第100帧处，继续向左边移动摄影机对象，为它设置第100帧的关键点，如图4-39所示。按C键切换到摄影机视图，预览第100帧的摄影机视图效果，如图4-40所示。

图4-39 设置第100帧的关键点

图4-40 预览摄影机视图效果

步骤 6 在第120帧处将摄影机继续向左移动，使摄影机围绕水渠做环绕运动，如图4-41所示。在摄影机视图中观察摄影机的效果，如图4-42所示。

图4-41 设置第120帧的摄影机位置

图4-42 摄影机视图场景效果

步骤 7 单击【自动关键点】按钮，退出动画记录模式，选择摄影机对象并右击，在弹出的快捷菜单中选择【对象属性】命令，弹出【对象属性】对话框，勾选【轨迹】复选框，如图4-43所示。在【顶】视图中可观察到摄影机整个运动轨迹为一条斜线，如图4-44所示。

图4-43 勾选【轨迹】复选框

图4-44 显示运动轨迹

步骤 8 在动画控件区域单击【播放动画】按钮 ▶，在视图中播放动画以便检查动画的连贯性，播放到第40帧处的效果如图4-45所示，播放到第70帧处的动画效果如图4-46所示。

图4-45 预览第40帧的效果

图4-46 预览第70帧的效果

步骤 9 在检查完动画的连贯性后，按F10键快速打开【渲染设置】对话框，设置动画的渲染尺寸为640像素×480像素，如图4-47所示，渲染到第120帧处时，动画效果如图4-48所示。

图4-47 设置动画渲染尺寸

图4-48 渲染到第120帧的动画效果

 实例27 使用自动关键点模式制作摄影机旋转动画

在【自动关键点】模式下，移动或旋转摄影机和目标对象都能自动记录为动画关键点，在建筑动画场景中主要通过摄影机对象来游离观察场景。下面将介绍使用摄影机对象制作旋转镜头动画的方法。

动画目的

掌握摄影机的变换方法

掌握摄影机关键点的设置方法

制作过程

资源路径：案例文件\Chapter 4\原始文件\制作摄影机旋转动画\制作摄影机旋转动画.max

案例文件\Chapter 4\最终文件\制作摄影机旋转动画\制作摄影机旋转动画.max

步骤 1 在学习制作摄影机实现镜头旋转效果的方法之前，先打开本例的最终效果预览一下，如图4-49所示。从本书配套资源中打开与本例相关的原始场景文件，如图4-50所示。

图4-49 镜头旋转动画最终效果

图4-50 打开原始场景文件

步骤2 在【摄影机】📷对象面板中单击【目标】按钮，在【顶】视图中创建摄影机，选择【透视】视图，按C键转换为摄影机视图，并调整其位置，如图4-51所示，按N键开启【自动关键点】动画记录模式，如图4-52所示。

图4-51 创建并调整摄影机位置

图4-52 开启动画记录模式

提示：在移动摄影机对象时，可以使用视口控件的【平移】按钮🖐，通过拖动鼠标沿着平行于摄影机视图的方向移动摄影机及其目标，可以将它设置为动画关键帧。

步骤3 将时间滑块移至第20帧处，向右移动摄影机对象和目标对象，此时系统将自动为摄影机对象记录一个关键点信息，如图4-53所示。在任意视图中按C键切换到摄影机视图，可以观察到摄影机视图效果，如图4-54所示。

图4-53 设置第20帧处摄影机的位置

图4-54 摄影机视图效果

步骤 4 将时间滑块向前移至第40帧处，将摄影机对象向右再继续移动旋转一下，设置为第2个关键点，它的位置效果如图4-55所示，在摄影机视图中观察到的画面效果如图4-56所示。

图4-55 设置第40帧的摄影机位置

图4-56 摄影机视图效果

步骤 5 将时间滑块移至第60帧处，将摄影机对象向右侧的墙体方向移动，位置效果如图4-57所示，按C键切换到摄影机视图，效果如图4-58所示。

图4-57 设置第60帧的摄影机位置

图4-58 摄影机视图效果

步骤 6 将时间滑块移至第80帧处，将摄影机对象向前推拉一段距离，如图4-59所示，使摄影机对象实现平移动画。按N键退出动画记录模式，在摄影机视图中拖动时间滑块可预览摄影机对象的运动效果，如图4-60所示。

图4-59 设置第80帧的摄影机位置

图4-60 预览摄影机运动效果

步骤 7 在检查确认了摄影机动画的准确性后，单击【渲染设置】按钮，弹出【渲染设置】对话框，设置动画的渲染输出，在渲染第10帧处得到的画面效果如图4-61所示，渲染到第70

帧处时的场景画面效果如图4-62所示。

图4-61 渲染到第10帧的摄影机动画效果

图4-62 渲染到第70帧的摄影机动画效果

实例28 使用摄影机制作俯视动画

摄影机对象可以在建筑物高处向下俯视观察物体，可用于制作建筑动画中的俯视镜头动画，仍然使用设置关键点的制作方法来完成。

学习目标

掌握摄影机俯视镜头中运动的规律

学会使用【自动关键点】按钮为摄影机设置俯视动画关键帧

制作过程

资源路径：案例文件\Chapter 4\原始文件\制作摄影机俯视动画\制作摄影机俯视动画.max

案例文件\Chapter 4\最终文件\制作摄影机俯视动画\制作摄影机俯视动画.max

步骤1 在学习制作摄影机俯视动画之前，先预览该动画的最终效果，如图4-63所示。从本书配套资源中打开该案例的原始场景文件，如图4-64所示，在【透视】视图中观察场景的默认效果。

图4-63 摄影机俯视动画最终效果

图4-64 打开原始场景文件

步骤2 进入【创建】命令面板，在【摄影机】对象面板中单击【目标】按钮，在场景中创建目标摄影机，激活【透视】视图，按C键将其转换为摄影机视图，然后在其他视图中调整其位置，如图4-65所示。单击【自动关键点】按钮，开启动画记录模式，然后单击【设置关键点】按钮，在第0帧处添加关键帧，如图4-66所示。

图4-65 创建并调整摄影机位置

图4-66 在第0帧处添加关键帧

步骤 3 拖动时间滑块至第100帧，然后在其他视图中调整摄影机位置，如图4-67所示。调整完成后，再次单击【自动关键点】按钮，关闭动画记录模式。设置动画的渲染参数后，单击【渲染】按钮，渲染输出连续的动画。在渲染帧窗口中预览动画第0帧的效果，如图4-68所示。

图4-67 调整摄影机位置

图4-68 渲染第0帧的动画效果

步骤 4 在渲染帧窗口中预览动画第50帧的效果，如图4-69所示。在渲染帧窗口中预览动画第80帧的效果，如图4-70所示。

图4-69 渲染第50帧的动画效果

图4-70 渲染第80帧的动画效果

实例29 使用摄影机制作仰视动画

在建筑动画中，经常会制作摄影机仰视的镜头，这样能通过摄影机对象从不同角度观察场景，本例将介绍摄影机仰视镜头动画的制作方法。

学习目标

学会创建仰视摄影机镜头

学会使用【自动关键点】按钮为摄影机设置仰视动画关键帧

制作过程

资源路径：案例文件\Chapter 4\原始文件\制作摄影机仰视动画\制作摄影机仰视动画.max

案例文件\Chapter 4\最终文件\制作摄影机仰视动画\制作摄影机仰视动画.max

步骤 1 在制作摄影机仰视动画之前，先预览动画的最终效果，如图4-71所示。从本书配套资源中打开本例的原始场景文件，在【透视】视图中预览到的场景文件如图4-72所示。

图4-71 摄影机仰视动画最终效果　　　　图4-72 打开原始场景文件

步骤 2 按Ctrl+C键将其转换为摄影机视图，如图4-73所示。单击【自动关键点】按钮，开启动画记录模式，然后单击【设置关键点】按钮 ⌐，在第0帧处添加关键帧，如图4-74所示。

图4-73 快速创建摄影机　　　　图4-74 在第0帧处添加关键帧

步骤 3 拖动时间滑块至第100帧处，然后在其他视图中调整摄影机位置，如图4-75所示。调整完成后，再次单击【自动关键点】按钮，关闭动画记录模式。在摄影机视图中可以预览到摄影机沿着建筑做仰视并旋转的运动效果，如图4-76所示。

步骤 4 设置动画的渲染参数后，单击【渲染】按钮，渲染输出连续的动画。在渲染帧窗口中预览动画第0帧的效果如图4-77所示。渲染动画中间过程的某一帧效果如图4-78所示。

图4-75 调整摄影机位置

图4-76 摄影机运动效果

图4-77 渲染第0帧的动画效果

图4-78 渲染动画过程中的某一帧效果

实例30　使用摄影机制作缩放动画

　　通过更改镜头的焦距，可以使用缩放朝向或背离摄影机进行移动。与推拉不同，它是物理移动，焦距保持不变。可以通过设置摄影机 FOV 参数值，制作缩放动画。本例将介绍摄影机缩放动画的设置方法。

学习目标

了解摄影机FOV参数的含义

掌握摄影机FOV参数动画关键帧的设置方法

制作过程

　　资源路径：案例文件\Chapter 4\原始文件\制作缩放动画\制作缩放动画.max

案例文件\Chapter 4\最终文件\制作缩放动画\制作缩放动画.max

　　步骤 1 在学习制作摄影机缩放动画之前，先预览一下本例的最终效果，如图4-79所示。从本书配套资源中打开本例的原始场景文件，如图4-80所示，使用该场景介绍摄影机缩放动画的制作方法。

　　步骤 2 切换至【创建】|【摄影机】面板，在【对象类型】选项组中选择【目标】选项，在场景中创建一个摄影机，并在【参数】卷展栏中将【镜头】设置为28mm，将【视野】设置为65.47°，如图4-81所示。切换至【透视】视图，按C键将其转换为摄影机视图，观察效果如图4-82所示。

图4-79 摄影机缩放动画的最终效果

图4-80 打开原始场景文件

图4-81 创建并设置摄影机参数

图4-82 摄影机视图效果

步骤 3 单击【自动关键点】按钮，开启动画记录模式，选择摄影机对象，将时间滑块移至第40帧位置，设置摄影机的【视野】参数为50，此时摄影机范围缩小了，如图4-83所示。将时间滑块移动至第80帧位置处，在【参数】卷展栏中将【视野】参数设置为30，如图4-84所示。

图4-83 在第40帧设置【视野】参数

图4-84 在第80帧设置【视野】参数

步骤 4 单击【自动关键点】按钮，退出动画记录模式。在摄影机视图中单击【播放动画】按钮 ▶，播放预览动画。图4-85所示为第10帧的摄影机动画效果。当动画播放到第60帧时，摄影机视图的画面效果如图4-86所示。

图4-85 第10帧的摄影机动画效果

图4-86 第60帧的摄影机动画效果

步骤 5 在检查完动画的准确性后，按F10键，弹出【渲染设置】对话框，设置动画的渲染输出，在渲染到第40帧时，动画效果如图4-87所示。从渲染效果可以看出摄影机的焦距在进行缩放变化，如图4-88所示为渲染到第80帧的动画效果。

图4-87 第40帧的摄影机动画效果　　　　　　图4-88 渲染到第80帧的动画效果

 # 实例31　使用摄影机制作平移动画

在摄影机视口控件区域使用【推拉摄影机】按钮 🔧，启用【自动关键点】动画模式后，可以制作镜头平移的动画效果。本例将详细讲解使用视口控件按钮设置摄影机平移动画的操作方法。

学习目标

熟练掌握摄影机视口控件按钮的使用方法

掌握摄影机镜头平移的运动规律

制作过程

资源路径：案例文件\Chapter 4\原始文件\制作平移动画\制作平移动画.max

案例文件\Chapter 4\最终文件\制作平移动画\制作平移动画.max

步骤 1 下面将介绍摄影机镜头平移动画的制作方法，在学习制作方法之前，先预览动画的最终效果，如图4-89所示。打开本书配套资源中与本例相关的原始场景文件，如图4-90所示。

图4-89 动画最终效果　　　　　　　　　图4-90 打开原始场景文件

步骤 2 切换至【摄影机】面板，在【对象类型】中选择【目标】摄影机类型，在场景中创建摄影机，切换至【修改】面板，展开【参数】卷展栏，将【镜头】设置为26mm，将【视野】设置为69.39度，勾选【剪切平面】选项组下的【手动剪切】复选框，将【近距剪切】和【远距

剪切】设置为1200mm、8800mm，如图4-91所示。按C键，在弹出的对话框中选择【Camera002】
摄影机，摄影机视图的效果如图4-92所示。

图4-91 创建摄影机对象   图4-92 摄影机视图效果

步骤3 单击【自动关键点】按钮，开启动画记录模式，在摄影机视口控件区域单击【推拉
摄影机】按钮，将第0帧位置的视图推拉到如图4-93所示的范围。将时间滑块移至第40帧处，
使用【推拉摄影机】按钮将摄影机视图向前推进，如图4-94所示。

图4-93 在第0帧处推拉摄影机视图   图4-94 在第40帧处推拉摄影机视图

步骤4 将时间滑块移至第60帧，使用【推拉摄影机】按钮将摄影机继续向前推进，设置
为第3个关键点效果，如图4-95所示。将时间移至第100帧处，将摄影机视图向前再推拉一段距
离，观察室内动画效果，如图4-96所示。

图4-95 在第60帧处推拉摄影机视图   图4-96 在第100帧处推拉摄影机视图

步骤5 在场景中选择摄影机对象，此时可以观察到摄影机对象已经自动生成了4个关键点，如图4-97所示。单击【自动关键点】按钮，退出动画记录模式，在摄影机视图中拖动时间滑块至第80帧位置，预览摄影机效果如图4-98所示。

图4-97 自动生成关键点

图4-98 预览第80帧位置的摄影机效果

步骤6 在预览检查动画的连贯性后，可以打开【渲染设置】对话框设置摄影机动画的渲染参数，将渲染尺寸设置为640像素×480像素，如图4-99所示。渲染第10帧处的摄影机动画效果如图4-100所示。

图4-99 设置渲染参数

图4-100 渲染第10帧的动画效果

步骤7 渲染摄影机运动到第40帧处的画面效果，如图4-101所示，在第90帧处的动画效果如图4-102所示。

图4-101 渲染第40帧的动画效果

图4-102 渲染第90帧的动画效果

3ds Max 动画制作实例精讲教程

第 5 章

建筑灯光动画

　　灯光对象在3ds Max场景中扮演着非常重要的角色,它能为场景提供鲜明的光亮对比度和绚丽的光照效果,通过为灯光设置动画,能为整体的动画效果起到画龙点睛的作用,这也是建筑动画中必不可少的技术。

实例 32　使用泛光灯制作太阳升起动画

【泛光】是从单个光源向各个方向投射阴影，它主要用于将辅助照明添加到场景中，或模拟点光源，在建筑动画中可以用它来模拟制作太阳。下面将介绍建筑动画中太阳升起动画的制作方法。

学习目标

掌握泛光灯的创建方法及参数设置

掌握泛光灯镜头特效的添加方法及动画设置

掌握摄影机移动关键帧的设置

制作过程

资源路径：案例文件\Chapter 5\原始文件\制作太阳升起动画\制作太阳升起动画.max

案例文件\Chapter 5\最终文件\制作太阳升起动画\制作太阳升起动画.max

步骤 1 在学习制作太阳升起动画的设置方法之前，先预览一下太阳升起动画的最终效果，如图5-1所示。从本书配套资源中打开本例的场景原始文件，该场景为一个室外建筑模型，如图5-2所示。

图5-1 太阳升起动画效果　　　　　　　　图5-2 打开场景文件

步骤 2 单击【自动关键点】按钮，开启动画记录模式，将时间滑块拖动至第100帧处，将摄影机向左移动一段距离，使它产生移动动画，如图5-3所示。按F9键快速渲染一次场景，效果如图5-4所示。

图5-3 第100帧处的摄影机视图　　　　　　图5-4 渲染默认场景效果

步骤3 关闭动画记录模式,执行【创建】|【灯光】|【标准】命令,单击【泛光】按钮,在场景中创建一盏泛光灯对象,将它置于接近地平面的位置,如图5-5所示。选择创建的泛光灯对象,在主菜单栏中选择【渲染】|【效果】命令,弹出【环境和效果】对话框,如图5-6所示。

图5-5 创建泛光灯对象

图5-6 【环境和效果】对话框

步骤4 单击【添加】按钮,在弹出的对话框的【效果】选项卡中选择添加【镜头效果】选项,如图5-7所示。选择添加的【镜头效果】选项后,进入它的参数卷展栏,为灯光添加【光晕】效果,如图5-8所示。

图5-7 添加【镜头效果】效果

图5-8 添加【光晕】效果

步骤5 切换至【修改】面板,单击【常规参数】展卷栏中【阴影】选项组下的【排除】按钮,将场景中的所有对象排除,如图5-9所示。展开【大气和效果】展卷栏,单击【添加】按钮,在弹出的【添加大气或效果】对话框中,选择【现有】单选按钮,添加【镜头效果】效果,如图5-10所示。

图5-9 排除场景对象

图5-10 添加【镜头效果】效果

步骤6 返回摄影机视图中,在默认的参数设置下渲染灯光,效果如图5-11所示,在第0帧处单击【自动关键点】按钮,开启动画记录设置,将时间滑块移至第40帧处,将泛光灯对象向建筑大楼上方移动一段距离，如图5-12所示。

图5-11 渲染特效

图5-12 在第40帧处移动灯光位置

步骤 7 将时间滑块移至第100帧处，将灯光对象再向上移动一段距离，模拟太阳正午时刻的位置，如图5-13所示。进入灯光的参数卷展栏，在第100帧处，在【强度/颜色/衰减】展卷栏中设置灯光的【倍增】值为1.3，并将灯光颜色设置为黄色（227、229、92），如图5-14所示。

图5-13 在第100帧处移动灯光位置

图5-14 设置灯光的倍增参数

提示：使用该参数增加强度可以使颜色看起来有"烧坏"的效果。它也可以生成颜色，通常将【倍增】参数设置为其默认值1.0，特殊效果和特殊情况除外。高【倍增】值会冲蚀颜色。负的【倍增】值将导致"黑色灯光"，即灯光使对象变暗而不是使对象变亮。

步骤 8 单击【自动关键点】按钮，退出动画记录模式，在摄影机视图中拖动时间滑块可以预览摄影机和灯光对象的运动位置效果，如图5-15所示，按F10键快速打开【渲染设置】对话框，设置好渲染输出参数后渲染动画，当渲染到第10帧时，效果如图5-16所示。

图5-15 预览对象的运动位置效果

图5-16 渲染到第10帧的效果

步骤 9 渲染到第50帧时可以看见太阳已经升起了，如图5-17所示。在渲染到第100帧时灯光正处于正午时刻的位置上，效果如图5-18所示。

图5-17 渲染到第50帧的效果

图5-18 渲染到第100帧的效果

实例 33　使用聚光灯制作时间动画

【目标聚光灯】像闪光灯一样投影聚焦的光束，下面将介绍使用【目标聚光灯】参数，制作一段从黎明到天亮时间变化的动画效果。

学习目标

掌握【目标聚光灯】的创建方法

掌握【目标聚光灯】参数的设置方法

制作过程

资源路径：案例文件\Chapter 5\原始文件\制作时间动画\制作时间动画.max

案例文件\Chapter 5\最终文件\制作时间动画\制作时间动画.max

步骤 1 在学习制作建筑动画中的时间变化动画之前，先预览一下动画的最终效果，如图5-19所示。从本书配套资源中打开该动画的原始场景文件，如图5-20所示。

图5-19 动画最终效果

图5-20 打开原始场景文件

步骤 2 进入【灯光】对象面板，单击【目标聚光灯】按钮，在【前】视图中创建一盏目标聚光灯对象，并在其他视图中调整目标聚光灯，如图5-21所示。切换到【修改】命令面板，在【常规参数】卷展栏中勾选【阴影】下的【启用】复选框，在【强度/颜色/衰减】卷展栏中将【倍增】设置为0.1，在【聚光灯参数】卷展栏中将【聚光区/光束】和【衰减区/区域】设置为11.37和47.755，如图5-22所示。

图5-21 创建并调整目标聚光灯对象　　　　　　　　图5-22 设置灯光参数

提示：选中灯光时，在【聚光灯参数】卷展栏中启用【显示光锥】复选框后，该圆锥体始终可见，因此当取消选择该灯光后清除该复选框才有明显效果。【聚光区/光束】参数用于调整灯光圆锥体的角度；【衰减区/区域】参数用于调整灯光衰减区的角度。

█ 步骤 3 在摄影机视图中按F9键快速渲染场景，效果如图5-23所示。在【顶】视图中按住Shift键复制3盏目标聚光灯，将它们的位置调整为如图5-24所示的效果。

图5-23 渲染场景效果　　　　　　　　　　　图5-24 复制灯光对象

█ 步骤 4 此时按F9键快速渲染一次场景，效果如图5-25所示。单击【自动关键点】按钮，开启动画记录模式，拖动时间滑块至第100帧处，并将4盏灯光的【倍增】值设置为0.3，使场景产生由黎明到天亮的变化效果，如图5-26所示。

图5-25 渲染场景效果　　　　　　　　　　　图5-26 设置灯光关键帧

█ 步骤 5 单击【自动关键点】按钮，退出动画记录模式，在第0帧处单击【渲染产品】按钮，渲染场景，效果如图5-27所示。在第100帧处渲染场景的效果如图5-28所示。

图5-27 渲染第0帧的动画效果

图5-28 渲染第100帧的动画效果

实例 34 使用区域泛光灯制作日落动画

当使用Mental ray渲染器渲染场景时，【区域泛光灯】mr Area Omni从球体或圆柱体体积发射光线，而不是从点光源发射光线。使用默认线扫描渲染器时，mr Area Omni像其他标准的泛光灯一样发射光线，本例将讲解使用区域泛光灯添加镜头特效后制作日落动画。

学习目标

掌握（区域泛光灯）的创建方法及参数设置

掌握（区域泛光灯）镜头特效的添加

掌握（区域泛光灯）移动关键帧的设置

制作过程

资源路径：案例文件\Chapter 5\原始文件\制作日落动画\制作日落动画.max

案例文件\Chapter 5\最终文件\制作日落动画\制作日落动画.max

步骤 1 在学习制作日落动画之前，先预览该动画的最终效果，如图5-29所示。从本书配套资源中打开本例的原始场景文件，如图5-30所示，并在摄影机视图中观察效果。

图5-29 日落动画最终效果

图5-30 打开原始场景文件

步骤 2 进入【灯光】对象面板，单击【mr Area Omni】（区域泛光灯）按钮在场景中创建一盏区域泛光灯对象，它的位置关系如图5-31所示。进入【修改】命令面板，在【常规参数】卷展栏中单击【排除】按钮，弹出【排除/包含】对话框，在该对话框中选中【包含】单选按钮，如图5-32所示。

图5-31 创建区域泛光灯

图5-32 选中【包含】单选按钮

■ 步骤3 单击【确定】按钮，在【强度/颜色/衰减】卷展栏中将【倍增】设置为1.5，并单击其右侧的色块，在弹出的对话框中将RGB值分别设置为249、166、34，如图5-33所示。激活摄影机视图，按F9键快速渲染一次场景，效果如图5-34所示。

图5-33 设置灯光倍增和颜色

图5-34 渲染场景效果

■ 步骤4 展开【大气和效果】卷展栏，单击【添加】按钮，在弹出的【添加大气或效果】对话框中选择【镜头效果】选项，单击【确定】按钮，即可添加一个镜头效果，如图5-35所示。在【大气和效果】卷展栏中选择添加的镜头效果，单击【设置】按钮，在弹出的对话框中展开【镜头效果参数】卷展栏，在左侧列表框中选择【光晕】镜头特效，并单击 > 按钮，即可添加该效果，如图5-36所示。

图5-35 添加【镜头效果】效果

图5-36 添加【光晕】效果

■ 步骤5 在默认的【光晕】参数设置下渲染场景，效果如图5-37所示，在【镜头效果参数】卷展栏中添加【星形】效果，然后在【星形元素】卷展栏中，将【大小】、【宽度】和【锥化】分别设置为20、3、1，将【强度】、【角度】和【锐化】分别设置为6、24、2，并勾选【光晕在后】复选框，如图5-38所示。

图5-37 渲染场景效果

图5-38 设置星形效果参数

步骤6 返回到场景中，按F9键快速渲染一次，效果如图5-39所示。在【镜头效果参数】卷展栏中添加【条纹】效果，然后在【条纹元素】卷展栏中，将【大小】、【宽度】和【锐化】分别设置为30、1.5、0.6，将【强度】、【角度】和【锐化】分别设置为8、-15、9.8，如图5-40所示。

图5-39 快速渲染场景

图5-40 设置条纹参数

步骤7 此时渲染灯光的条纹效果如图5-41所示，单击【自动关键点】按钮，开启动画记录模式，将时间滑块移至第100帧处，将区域泛光灯对象向大楼左下侧移动，并在【强度/颜色/衰减】卷展栏中将【倍增】设置为1，如图5-42所示。

图5-41 渲染条纹效果

图5-42 移动灯光对象

提示：【锥化】参数用来控制条纹的各辐射线的锥化。锥化使各条纹点的末端变宽或变窄。数字较小，末端较尖，而数字较大，则末端较平。【锐化】参数用来指定条纹的总体锐度。数字越大，生成的条纹越鲜明、清晰。

步骤 8 按F9键快速渲染第100帧处灯光的位置效果，如图5-43所示。然后在【镜头效果参数】卷展栏中选择添加的星形效果，并在【星形元素】卷展栏中，将【宽度】、【锥化】、【角度】和【锐化】分别设置为3.3、1.2、20、2.5，如图5-44所示。

图5-43 渲染第100帧的灯光效果

图5-44 设置星形参数关键帧

步骤 9 在【镜头效果参数】卷展栏中选择添加的条纹效果，并在【条纹元素】卷展栏中将【强度】和【角度】分别设置为23、0，如图5-45所示。单击【自动关键点】按钮，退出动画记录模式，拖动时间滑块可以预览灯光的运动效果，如图5-46所示。

图5-45 设置条纹参数关键帧

图5-46 预览灯光运动效果

提示：【角度】参数指定条纹的角度。可以输入正值也可以输入负值，这样在设置动画时，条纹可以绕顺时针或逆时针方向旋转。为【强度】参数设置动画关键帧参数后，条纹效果能由弱变强地产生变化效果。

步骤 10 按F10键，弹出【渲染设置】对话框，设置动画的渲染输出，在渲染到第30帧时的效果如图5-47所示。在渲染到第80帧时的效果如图5-48所示。

图5-47 渲染到第30帧的效果　　　　　　图5-48 渲染到第80帧的效果

实例35　使用自由聚光灯制作灯光摇曳动画

【自由聚光灯】对象的功能和【目标聚光灯】一样，只是它没有目标对象，用户可以移动或旋转调整【自由聚光灯】对象的灯光方向，还可以为它设置动画，下面介绍使用【自由聚光灯】对象制作灯光摇曳动画的方法。

学习目标

掌握标准几何体的创建和编辑方法
熟练掌握对象关键帧的设置
掌握【选择并链接】工具的应用

制作过程

资源路径：案例文件\Chapter 5\原始文件\制作灯光摇曳动画\制作灯光摇曳动画.max
案例文件\Chapter 5\最终文件\制作灯光摇曳动画\制作灯光摇曳动画.max

步骤1 在学习灯光摇曳动画之前，先预览这个动画的最终效果，如图5-49所示。从本书配套资源中打开原始场景文件，如图5-50所示，该场景为一个地下室仓库模型。

图5-49 灯光摇曳动画最终效果　　　　　　图5-50 打开原始场景文件

步骤2 按H键，在弹出的对话框中选择【Fspot01】，单击【确定】按钮，选择灯光对象，如图5-51所示。在工具栏中单击【选择并链接】按钮，将灯光链接到圆锥体对象上，如图5-52所示。

图5-51 选择灯光对象　　　　　　　　　图5-52 链接对象

步骤3 单击【自动关键点】按钮，开启动画记录模式，将时间滑块移至第40帧处，使用旋转工具旋转圆锥体对象，如图5-53所示。将时间滑块拖动至第80帧处，使用【选择并旋转】工具设置该对象的角度，如图5-54所示。

图5-53 旋转圆锥体对象　　　　　　　　图5-54 在第80帧上设置对象角度

步骤4 使用相同的方法设置其他帧处的位置和角度，效果如图5-55所示。单击【自动关键点】按钮，关闭动画记录模式，在第40帧处按F9键快速渲染灯光运动效果，如图5-56所示。

图5-55 设置其他关键帧后的效果　　　　　图5-56 渲染后的效果

提示：在设置圆锥体对象的旋转关键帧之前，先要在【层次】命令面板中将对象的坐标轴中心调整到圆锥体的顶端，这样对象才能绕着圆锥顶点旋转。

步骤 5 在第80帧处灯光又回到了原始位置，渲染出来的效果如图5-57所示，在第120帧处，灯光向左运动了，渲染效果如图5-58所示。

图5-57 第80帧处的渲染效果

图5-58 第120帧处的渲染效果

实例 36　使用泛光灯制作灯光闪烁动画

本例将介绍为【泛光】对象的【倍增】参数设置动画关键帧，使它产生由暗变亮的效果，通过将曲线超出范围类型设置为【循环】，来为灯光设置闪烁效果。

学习目标

掌握使用【泛光】的【倍增】参数设置动画的方法

掌握设置灯光闪烁效果的方法

制作过程

资源路径：案例文件\Chapter 5\原始文件\制作灯光闪烁动画\制作灯光闪烁动画.max

案例文件\Chapter 5\最终文件\制作灯光闪烁动画\制作灯光闪烁动画.max

步骤 1 在制作灯光闪烁动画之前，先预览一下动画的最终效果，如图5-59所示。从本书配套资源中打开灯光闪烁动画的原始场景文件，如图5-60所示，该场景为一间小木屋。

图5-59 灯光闪烁最终效果

图5-60 打开原始场景文件

步骤 2 选择摄影机视图，单击【渲染产品】按钮，渲染默认场景效果，如图5-61所示。进入【灯光】对象面板，单击【泛光】按钮，在灯泡内创建一盏泛光灯，如图5-62所示。

图5-61 渲染默认场景

图5-62 创建泛光灯对象

步骤3 在场景中按N键快速开启动画记录模式，将时间滑块移至第0帧处，切换至【修改】命令面板，在【强度/颜色/衰减】卷展栏中设置【倍增】参数为0，如图5-63所示，将时间滑块移至第15帧处，在【强度/颜色/衰减】卷展栏中将【倍增】设置为1.5，如图5-64所示。

图5-63 设置第0帧灯光参数

图5-64 设置第15帧灯光参数

步骤4 单击灯光【倍增】参数后的色块，在弹出的【颜色选择器：灯光颜色】对话框中将颜色RGB值分别设置为255、242、195，如图5-65所示。在摄影机视图中按F9键渲染一次场景的灯光效果，如图5-66所示。

图5-65 设置灯光颜色

图5-66 渲染场景灯光效果

步骤5 将时间滑块移至第30帧处，在【强度/颜色/衰减】卷展栏中将【倍增】设置为0，如图5-67所示。按N键退出动画记录模式，在【大气和效果】卷展栏中单击【添加】按钮，在弹出的【添加大气或效果】对话框中选择【镜头效果】，单击【确定】按钮，即可添加【镜头效果】，如图5-68所示。

图5-67 设置第30帧的参数

图5-68 添加镜头效果

提示：灯光对象的特效添加方法还可以在【环境和效果】对话框中进行，在【大气】卷展栏中
单击【添加】按钮，在弹出的【添加大气效果】对话框中选择需要添加的效果，单击【确定】
按钮，然后在【环境和效果】对话框中单击【拾取灯光】按钮，再拾取场景中的灯光。

步骤6 在【大气和效果】卷展栏中选择添加的【镜头效果】，单击【设置】按钮，在弹出
的【环境和效果】对话框中展开【镜头效果参数】卷展栏，并添加【光晕】效果，如图5-69所
示。按N键快速开启动画记录模式，确认时间滑块位于第15帧处，在【光晕元素】卷展栏中将
【强度】设置为170，并单击【径向颜色】选项组中的第二个色块，在弹出的对话框中将RGB值
分别设置为255、246、0，如图5-70所示。

图5-69 添加【光晕】效果

图5-70 设置光晕参数

步骤7 返回摄影机视图，按F9键快速渲染场景中的灯光效果，如图5-71所示。将时间滑块移
至起始帧处，将【强度】设置为100，如图5-72所示。

图5-71 渲染效果

图5-72 设置起始帧的光晕强度

步骤8 按N键退出动画记录模式，在主工具栏中单击【曲线编辑器】按钮，弹出【轨迹
视图-曲线编辑器】对话框，并在左侧的控制器窗口中选择泛光灯的【倍增】选项，在右侧的功

第5章 建筑灯光动画

103

能曲线窗口中将显示倍增参数的关键点，如图5-73所示，拖动鼠标将3个关键点全部选中，然后在菜单栏中选择【编辑】|【控制器】|【超出范围类型】命令，如图5-74所示。

图5-73 选择【倍增】选项

图5-74 选择【超出范围类型】命令

步骤 9 弹出【参数曲线超出范围类型】对话框，选择【循环】类型，如图5-75所示。单击【确定】按钮，此时功能曲线窗口中将循环显示第0~30帧的关键点信息，如图5-76所示。

图5-75 选择【循环】类型

图5-76 循环效果

> 提示：在一个范围内重复相同的动画，但是会在范围内的结束帧和起始帧之间进行插值来创建平滑的循环。如果初始和结束关键点同时位于范围的末端，循环实际上会与周期类似。如果使用【位置范围】来扩展范围栏超出关键点，附加的长度会确定在结束帧和起始帧之间用于插值的时间量。使用带有扩展范围栏的循环来产生平滑的重复动画。

步骤 10 在摄影机视图中拖动时间滑块预览动画，当在第45帧时，按F9键渲染场景的灯光效果，如图5-77所示，从效果图上可以看出第45帧和第15帧的效果一样，在第60帧处渲染场景的灯光效果如图5-78所示。

图5-77 渲染第45帧的效果

图5-78 渲染第60帧的效果

步骤 11 在检查确认了动画循环的连贯性后，按F10键快速打开【渲染设置：默认扫描线渲染器】对话框，设置动画的渲染输出，在渲染到第70帧时，灯光的闪烁效果如图5-79所示，在渲染到第85帧时的效果如图5-80所示。

图5-79 渲染到第70帧的效果　　　　　　图5-80 渲染到第85帧的效果

实例 37　使用泛光灯制作路灯动画

本例将介绍使用【泛光】对象的【倍增】参数，结合【自发光】参数来设置夜晚的路灯动画，主要使用开启【自动关键点】动画模式来完成。

学习目标

熟练掌握路灯模型的创建方法及复制方法

熟练掌握【泛光】的创建和复制

熟练掌握使用【泛光】参数设置动画的方法

制作过程

资源路径：案例文件\Chapter 5\原始文件\制作路灯动画\制作路灯动画.max

案例文件\Chapter 5\最终文件\制作路灯动画\制作路灯动画.max

　步骤1 在讲解制作路灯动画之前，先预览一下路灯动画的最终效果，如图5-81所示，打开配套资源中的原始场景文件，如图5-82所示。

图5-81　路灯动画最终效果　　　　　　　图5-82 打开原始场景文件

　步骤2 在视图中选取一个合适的观察角度，按F9键快速渲染一次场景，默认灯光下的效果如图5-83所示。切换至【创建】|【灯光】面板，在【对象类型】卷展栏中选择【泛光】效果，在场景中创建一盏泛光灯，将其位置调整至灯罩内，如图5-84所示。

图5-83 渲染默认场景效果

图5-84 创建泛光灯

步骤3 单击【自动关键点】按钮，开启动画记录模式，在第0帧处进入灯光参数面板，设置其【倍增】值为0，将颜色的RGB值分别设置为238、249、254，如图5-85所示。将时间滑块移动至第60帧位置处，将泛光灯的【倍增】值设置为2.5，单击【自动关键点】按钮，退出动画记录模式，然后勾选【远距衰减】卷展栏中的【使用】和【显示】复选框，将参数分别设置为481.308、909.138，如图5-86所示。

图5-85 设置灯光倍增值

图5-86 设置远距衰减值

步骤4 关闭动画记录模式，在场景中按住Shift键，将设置好关键帧参数的泛光灯以【实例】方式复制6个副本，分别放在其他的路灯上，如图5-87所示。按M键快速弹出【材质编辑器】对话框，选择ludeng材质球，将其颜色设置为白色，如图5-88所示。

图5-87 复制灯光

图5-88 设置ludeng材质球颜色

步骤5 单击【自动关键点】按钮，开启动画记录模式，将时间滑块移至第60帧处，将【自发光】参数设置为100，如图5-89所示。关闭动画记录模式，将这个材质应用给灯罩对象，在第0

帧处渲染场景，效果如图5-90所示。

图5-89 设置第60帧的自发光参数

图5-90 渲染第0帧的场景效果

步骤 6 将时间滑块移至第20帧处，按F9键渲染场景的路灯效果如图5-91所示，发现路灯已开始渐渐亮起来了，到了第60帧处时，整个路灯完全亮了，如图5-92所示。

图5-91 渲染第20帧的路灯效果

图5-92 渲染第60帧的路灯效果

实例 38   使用标准灯光制作舞台灯光动画

3ds Max中提供了【目标聚光灯】、【自由聚光灯】、【目标平行光】、【自由平行光】和【泛光】等8种类型的标准灯光，这些灯光可以在场景中相互作用。一个场景中往往需要多个灯光照明才能体现出真实的照明效果，下面将介绍使用【泛光】和【目标聚光灯】一起来制作一个舞台灯光动画的方法。

学习目标

掌握【目标聚光灯】和【泛光】的使用方法
掌握舞台灯光动画关键帧的设置方法

制作过程

资源路径：案例文件\Chapter 5\原始文件\制作舞台灯光动画\制作舞台灯光动画.max
　　　　　案例文件\Chapter 5\最终文件\制作舞台灯光动画\制作舞台灯光动画.max

步骤 1 在学习制作舞台灯光动画的方法之前，先预览一下舞台灯光动画的最终效果，如图5-93所示。从本书配套资源中打开本例的原始场景文件，如图5-94所示，该场景为一个室外舞台模型。

图5-93 舞台灯光动画效果

图5-94 打开原始场景文件

步骤 2 选择【创建】|【灯光】|【标准】命令，单击【目标聚光灯】按钮，在场景中创建一盏目标聚光灯对象，如图5-95所示。在第0帧处将灯光的目标对象向上移动一段距离，并将其【倍增】参数设置为5.0，颜色设置为蓝色（62、126、255），如图5-96所示。

图5-95 创建目标聚光灯

图5-96 设置第0帧的位置和参数

步骤 3 按F9键快速渲染场景，效果如图5-97所示。单击【自动关键点】按钮，将时间滑块从第0帧移动到第100帧处，然后将灯光的目标对象移动到舞台的边缘，如图5-98所示。

图5-97 渲染效果

图5-98 设置第100帧的位置

步骤 4 单击【自动关键点】按钮，退出动画记录模式。按F9键快速渲染一次场景，灯光效果如图5-99所示，单击【镜像】按钮将聚光灯复制一盏到舞台的另一边，如图5-100所示。

图5-99 渲染效果

图5-100 复制聚光灯

■ 步骤5 返回摄影机视图中，按F9键快速渲染一次场景，灯光运动效果如图5-101所示。单击【泛光】按钮，在舞台的上方创建两盏泛光灯对象，并在其参数面板中设置参数，倍增参数设置为2.23，颜色设置为橙色（239、210、96），如图5-102所示。

图5-101 灯光运动效果

图5-102 创建泛光灯并设置其参数

■ 步骤6 对着摄影机视图渲染一次场景，发现整个场景变亮了，如图5-103所示。在场景中拖动时间滑块进行预览，并检查灯光动画，在第20帧处渲染场景的灯光效果如图5-104所示。

图5-103 渲染场景

图5-104 渲染第20帧的效果

■ 步骤7 在第60帧处渲染场景的灯光效果如图5-105所示，在检查完动画的准确性后，可以将动画进行最终的渲染输出，图5-106所示为渲染到第90帧处时的画面效果。

图5-105 渲染第60帧的效果　　　　　　　图5-106 渲染第90帧的效果

实例39　使用平行灯光制作阳光移动动画

　　3ds Max中包括【目标平行光】和【自由平行光】两种平行光，平行灯光以一个方向投射平行光线，它主要用于模拟阳光照射效果，可以为它的参数设置动画效果。

学习目标

　　掌握使用泛光灯对象模拟太阳的方法
　　掌握【目标平行光】的创建方法
　　掌握平行灯光体积特效的运用及动画的设置方法

制作过程

　　资源路径：案例文件\Chapter 5\原始文件\制作太阳光移动动画\制作太阳光移动动画.max
　　　　　　　案例文件\Chapter 5\最终文件\制作太阳光移动动画\制作太阳光移动动画.max

　　步骤 1 在学习制作阳光移动动画之前，先预览动画的最终效果，如图5-107所示。从本书配套资源中打开本例的原始场景文件，如图5-108所示，该场景为校园的一角。

图5-107 阳光移动动画最终效果　　　　　　图5-108 打开原始场景文件

　　步骤 2 进入【灯光】对象面板，单击【泛光】按钮，在场景的房顶上创建一盏泛光灯对象，如图5-109所示。切换到【修改】命令面板，在【强度/颜色/衰减】卷展栏中将【倍增】值设置为1.2，将灯光颜色RGB值分别设置为245、224、205，如图5-110所示。

图5-109 创建泛光灯对象

图5-110 设置灯光的倍增和颜色值

步骤3 在【大气和效果】卷展栏中，单击【添加】按钮，在弹出的【添加大气或效果】对话框中选择【镜头效果】选项，单击【确定】按钮，即可添加【镜头效果】，如图5-111所示。选择添加的【镜头效果】，单击【设置】按钮，在弹出的对话框中展开【镜头效果参数】卷展栏，并为灯光添加【光晕】效果，如图5-112所示。

图5-111 添加【镜头效果】效果

图5-112 添加【光晕】效果

步骤4 在【光晕元素】卷展栏中，将【大小】设置为45，将【强度】设置为160，并取消勾选【光晕在后】复选框，如图5-113所示。在【透视】视图中选取一个好的观察角度，渲染场景，效果如图5-114所示。

图5-113 设置光晕参数

图5-114 渲染场景效果

提示：【强度】参数控制单个效果的总体亮度和不透明度。该值越大，效果越亮越不透明，该值越小，效果越暗越透明。当勾选【启用】复选框后，将光晕应用于渲染图像。【阻光度】参数用于确定镜头效果对特定效果的影响程度。

步骤5 单击【灯光】对象面板中的【目标平行光】按钮，在场景中创建一盏平行灯光，使它产生沿着太阳向下照射的效果，如图5-115所示。切换到【修改】命令面板，在【常规参数】卷展栏中勾选【启用】复选框，在【强度/颜色/衰减】卷展栏中将【倍增】值设置为0.8，设置灯光颜色的RGB值分别为248、239、213，如图5-116所示。

图5-115 创建平行灯光

图5-116 设置平行光参数

步骤 6 在【平行光参数】卷展栏中，将【聚光区/光束】和【衰减区/区域】分别设置为147、260，并选择【矩形】单选按钮，在【阴影参数】卷展栏中将【密度】设为1.5，如图5-117所示。在【阴影贴图参数】卷展栏中将【偏移】设置为0.01，将【大小】设置为1024，将【采样范围】设置为30，如图5-118所示。

图5-117 设置【平行光参数】和【阴影参数】

图5-118 设置【阴影贴图参数】

步骤 7 在【大气和效果】卷展栏中单击【添加】按钮，在弹出的【添加大气或效果】对话框中选择【体积光】选项，单击【确定】按钮，即可添加一个体积光特效，如图5-119所示。按F9键渲染一次默认参数下的体积光效果，如图5-120所示。

图5-119 添加【体积光】特效

图5-120 渲染默认参数效果

步骤 8 在【大气和效果】卷展栏中选择添加的【体积光】特效，单击【设置】按钮，在弹出的【环境和效果】对话框中展开【体积光参数】卷展栏，将【密度】设置为1，将【最大亮度%】设置为50，如图5-121所示。再次渲染场景，效果如图5-122所示。

图5-121 体积光参数设置

图5-122 渲染体积光效果

提示：【体积光】特效根据灯光与大气（雾、烟雾等）的相互作用提供灯光效果，只有在摄影机视图和透视视图中才会渲染体积光效果，正交视图或用户视图不会渲染体积光效果。

步骤9 单击【自动关键点】按钮，开启动画记录模式。下面开始设置灯光动画，将时间滑块移至第60帧处，单击工具栏中的【选择并移动】按钮 ✛ ，并在视图中调整平行灯光，如图5-123所示。将泛光灯对象向左侧移动一定距离，并单击工具栏中的【选择并旋转】按钮 ↻ ，将泛光灯对象沿Y轴旋转-119.904°，如图5-124所示。

图5-123 调整平行灯光

图5-124 调整泛光灯

步骤10 关闭动画记录模式，单击【渲染设置】按钮 ，弹出【渲染设置：默认扫描线渲染器】对话框，设置动画渲染的大小尺寸和渲染格式，当渲染到第10帧时的动画效果如图5-125所示，渲染到第30帧时的动画效果如图5-126所示。

图5-125 渲染到第10帧的动画效果

图5-126 渲染到第30帧的动画效果

3ds Max 动画制作实例精讲教程

步骤 11 动画渲染到第50帧时，平行光和泛光灯运动的位置效果如图5-127所示，渲染到第60帧时的动画效果如图5-128所示。

图5-127 渲染到第50帧的动画效果

图5-128 渲染到第60帧的动画效果

实例 40　使用泛光灯制作阳光旋转动画

本例通过为【泛光】对象添加镜头特效，设置灯光的移动旋转动画关键帧来制作一段高空阳光旋转动画。

学习目标

掌握设置【泛光】倍增参数动画的方法

掌握【镜头效果】的应用方法

掌握灯光移动旋转关键帧的设置方法

制作过程

资源路径：案例文件\Chapter 5\原始文件\制作阳光旋转动画\制作阳光旋转动画.max

案例文件\Chapter 5\最终文件\制作阳光旋转动画\制作阳光旋转动画.max

步骤 1 在学习制作阳光移动旋转动画的方法之前，先来预览一下阳光动画的最终效果，如图5-129所示。打开本书配套资源中的原始场景文件，如图5-130所示。

图5-129 阳光动画的最终效果

图5-130 打开原始场景文件

步骤 2 切换至【创建】|【灯光】面板，在【对象类型】选项栏中选择【泛光】，在雕塑上方的位置上创建一盏泛光灯，如图5-131所示。选择创建的泛光灯对象，切换至【灯光】参数面板，将【倍增】设置为0.3，如图5-132所示。

步骤 3 在菜单栏中选择【渲染】|【效果】命令，打开【环境和效果】对话框，在【效果】选项卡中将其默认的【镜头效果】删除，然后重新为其添加一个【镜头效果】，如图5-133所示。选择添加的【镜头效果】，在【镜头效果参数】卷展栏中添加【光晕】效果，如图5-134所示。

图5-131 创建泛光灯

图5-132 设置灯光倍增参数

图5-133 添加【镜头效果】

图5-134 添加【光晕】效果

步骤4 在【镜头效果全局】卷展栏中单击【灯光】组中的【拾取灯光】按钮,在场景中选择创建的泛光灯对象,如图5-135所示。在【光晕元素】卷展栏中将【大小】设置为50,在【径向颜色】选项组中将第二个颜色的RGB值分别设置为52、126、208,如图5-136所示。

图5-135 选择泛光灯对象

图5-136 光晕参数

步骤5 切换至摄影机视图,按F9键渲染此时的光晕效果,如图5-137所示。然后为灯光添加一个【手动二级光斑】效果,并在【手动二级光斑元素】卷展栏中将【大小】设置为5,如图5-138所示。

图5-137 渲染光晕效果

图5-138 设置【手动二级光斑元素】参数

第 5 章 建筑灯光动画

115

步骤6 为灯光添加【自动二级光斑】效果，并在【自动二级光斑元素】卷展栏中将【最小】设置为2，将【轴】设置为1.5，将【数量】设置为15，将【最大】设置为15，将【强度】设置为150，将【使用源色】设置为40，如图5-139所示。为灯光添加【条纹】效果，单击【自动关键点】按钮，开启动画记录模式，将时间滑块移动至第60帧位置，将【角度】设置为30，如图5-140所示。

图5-139 设置【自动二级光斑元素】参数　　　　　　图5-140 添加关键点

步骤7 在第0帧处将泛光灯调整至合适的位置，如图5-141所示。将时间滑块移至第60帧处，使用【移动】工具将灯光移动至合适的位置，如图5-142所示。

图5-141 设置第0帧处的灯光位置　　　　　　图5-142 设置第60帧处的灯光位置

步骤8 单击【自动关键点】按钮，关闭动画记录模式，在场景中预览灯光的运动效果如图5-143所示，预览动画效果如图5-144所示。

图5-143 预览灯光运动效果　　　　　　图5-144 预览动画效果

第6章

使用约束和控制器制作建筑动画

3ds Max中提供了多种类型的动画约束和动画控制器。动画控制器是处理所有动画值的存储和插值的插件。约束是自动化动画过程控制器的一种特殊类型，通过与另一个对象的绑定关系，可以使用约束来控制对象的位置、旋转或缩放。约束需要一个设置动画的对象及至少一个目标对象。本章将通过大量的实例来讲解动画约束和控制器的使用方法。

实例 41　使用路径约束制作汽车动画

路径约束会使一个对象沿着一条样条线或在多个样条线之间进行移动，通过设置参数能对样条线平均距离间的移动进行限制，可以制作出各种不同的动画效果。下面将介绍使用路径约束技术制作汽车行驶动画的方法。

学习目标

掌握样条线的绘制及编辑方法
掌握路径约束的添加方法
掌握路径约束参数的动画关键帧设置

制作过程

资源路径：案例文件\Chapter 6\原始文件\制作汽车动画\制作汽车动画.max
　　　　　案例文件\Chapter 6\最终文件\制作汽车动画\制作汽车动画.max

步骤 1　在学习制作汽车动画之前，先预览汽车行驶的最终效果，如图6-1所示。从本书配套资源中打开本例的相关原始场景文件，如图6-2所示。

图6-1　汽车动画最终效果

图6-2　打开原始场景文件

步骤 2　在场景中选择一辆大巴车和路面对象，按Alt+Q组合键将选择对象孤立显示，如图6-3所示。单击动画控件区域的【时间配置】按钮，弹出【时间配置】对话框，设置汽车动画的时间为200帧，如图6-4所示，单击【确定】按钮。

图6-3　选择一辆车和路面

图6-4　设置动画时间

步骤 3　选择【创建】|【图形】命令，单击【线】按钮，在【顶】视图中绘制一条直线，用

3ds Max 动画制作实例精讲教程

做第一辆汽车的运动路径，如图6-5所示。选择汽车对象，在主菜单栏中选择【动画】|【约束】|【路径约束】命令，如图6-6所示。

图6-5 绘制一条直线

图6-6 选择【路径约束】命令

提示：在绘制【线】时，在视图中单击确定第一个顶点，然后拖动鼠标确定样条线的长度，单击确定第二个点，右击将完成线的绘制。例如，同时按住Shift键进行绘制，将得到一条垂直的直线。

步骤 4 在场景中拾取样条线对象，此时汽车就自动跳至样条线的起点位置，如图6-7所示。调整样条线的位置，在视图中拖动时间滑块可以预览到汽车开始沿着样条线运动，如图6-8所示。

图6-7 拾取样条线

图6-8 预览汽车的运动

步骤 5 在场景中加选另一辆小轿车，将它孤立显示出来，如图6-9所示。单击【线】按钮，再绘制出一条样条线，如图6-10所示。

图6-9 选择第2辆汽车

图6-10 绘制样条线

第 6 章 使用约束和控制器制作建筑动画

119

步骤 6 使用相同的方法为第2辆小轿车添加【路径约束】命令，如图6-11所示。切换到【前】视图，向上移动样条线，将车子的位置调整到地面上，如图6-12所示。

图6-11 添加路径约束

图6-12 调整车的位置

步骤 7 选择小轿车对象，进入【运动】命令面板，在【位置列表】卷展栏中选择添加的路径约束，如图6-13所示。按N键开启动画记录模式，在第200帧处，进入到【路径约束】参数卷展栏中设置路径参数，如图6-14所示。

图6-13 选择添加的路径约束

图6-14 设置路径参数

提示：在默认情况下，当约束对象到达路径末端时，它不会越过末端点。【循环】复选框启用后会改变这一行为，当约束对象到达路径末端时会循环回起始点。【相对】复选框启用后将保持约束对象的原始位置。对象会沿着路径同时有一个偏移距离，这个距离基于其原始的世界空间位置。

步骤 8 按N键退出动画记录模式，单击【线】按钮，在【顶】视图中绘制新的路径样条线，如图6-15所示。将第3辆小汽车约束到该样条线上，它的位置效果如图6-16所示。

图6-15 绘制新的路径样条线

图6-16 约束第3辆小汽车位置

步骤 9 开启动画记录模式，在第200帧处将第3辆小汽车的路径参数设置为60%，如图6-17所示。按照相同的方法将其他的车辆都添加【路径约束】，此时这些车辆产生了不同速度的行驶效果，在【摄影机】视图中预览汽车的运动效果，如图6-18所示。

图6-17 设置第3辆汽车的路径参数

图6-18 预览汽车的运动效果

步骤 10 按C键切换到【摄影机】视图中，拖动时间滑块播放整个汽车行驶的动画效果，在第35帧处汽车行驶的位置效果如图6-19所示。在第50帧处汽车运动的位置效果如图6-20所示。

图6-19 在第35帧汽车运动效果

图6-20 在第50帧汽车运动效果

步骤 11 将场景中的所有对象显示出来，如图6-21所示。在视图中反复拖动时间滑块预览动画，确认汽车运动的连贯性后，按F9键快速渲染场景中的画面。如图6-22所示为第0帧处的画面效果。

图6-21 显示所有对象

图6-22 预览第0帧的画面效果

步骤 12 在第60帧处汽车运动的效果如图6-23所示。当汽车运动到第100帧时，它们的位置效果如图6-24所示。

图6-23 第60帧的汽车运动效果

图6-24 第100帧的汽车运动效果

步骤 13 在第175帧处时，前面的车辆开过以后，后面将继续有汽车行驶过来，如图6-25所示。在第40帧处时，所有的汽车运动的位置效果如图6-26所示。

图6-25 第175帧的汽车运动效果

图6-26 第40帧的汽车运动效果

实例42 使用注视约束制作小狗追蝴蝶动画

使用【注视约束】不会使对象移动，但可以使物体旋转，使其总是朝向目标对象。它会锁定对象的旋转度，使对象的一个轴点指向目标对象。下面将通过小狗追蝴蝶的动画讲解【注视约束】的设置方法。

学习目标

掌握蝴蝶动画的设置方法

掌握【注视约束】的使用方法

学会在【注视约束】中调整对象注视方向的方法

制作过程

资源路径：案例文件\Chapter 6\原始文件\制作小狗追蝴蝶动画\制作小狗追蝴蝶动画.max

案例文件\Chapter 6\最终文件\制作小狗追蝴蝶动画\制作小狗追蝴蝶动画.max

步骤 1 在制作小狗追蝴蝶动画之前，先预览一下这个动画的最终效果，如图6-27所示。从本书配套资源中打开本例的原始场景文件，如图6-28所示。

图6-27 小狗追蝴蝶动画效果

图6-28 打开原始场景文件

步骤 2 在【顶】视图中将蝴蝶对象移动到小狗的左边，如图6-29所示。按N键开启动画记录模式，在第70帧处将蝴蝶对象向右移动一段距离，如图6-30所示。

图6-29 移动蝴蝶的位置

图6-30 设置蝴蝶第70帧处的位置

步骤 3 在场景中预览蝴蝶飞舞效果，如图6-31所示。选择小狗的左眼球，在菜单栏中选择【动画】|【约束】|【注视约束】命令，如图6-32所示。

图6-31 预览蝴蝶飞舞效果

图6-32 选择【注视约束】命令

步骤 4 执行该命令后，在视图中拾取蝴蝶对象，此时场景中将会出现一条注视线，这时可以发现小狗眼球并没有注视着蝴蝶，如图6-33所示。进入【运动】命令面板，在【PRS参数】卷展栏中单击【旋转】按钮，然后在【旋转列表】中选择添加的注视约束，如图6-34所示。

步骤 5 在【注视约束】参数卷展栏中单击【设置方向】按钮，并选择注视轴为X轴，勾选【翻转】复选框，如图6-35所示。在视图中单击主工具栏中的【旋转】按钮，调整小狗眼球的方向，如图6-36所示。

图6-33 拾取蝴蝶对象

图6-34 选择添加的注视约束

图6-35 选择注视轴

图6-36 调整小狗眼球

> 提示：给模型添加【注视约束】后，将不能再对该物体进行旋转、移动或缩放等操作，只有在单击【设置方向】按钮后，才能对该对象进行位置的变换，设置完毕后受约束的对象会在初始状态下保持该方向位置。如果想要重新设置对象的默认方向，可以单击【重置方向】按钮来使对象的方向变为默认值。

步骤 6 在视图中拖动时间滑块预览小狗眼球的运动效果，此时小狗眼球随着蝴蝶的运动而运动，如图6-37所示。使用相同的方法为另一只眼球添加注视约束，如图6-38所示。

图6-37 预览眼球动画

图6-38 为另一只眼球添加注视约束

步骤 7 在【运动】命令面板中展开【注视约束】参数卷展栏，单击【设置方向】按钮，勾选【翻转】复选框，将眼球的注视方向进行旋转调整，如图6-39所示。在视图中预览眼球的动画效果，如图6-40所示。

3ds Max 动画制作实例精讲教程

图6-39 旋转调整眼球的注视方向

图6-40 预览眼球动画效果

> 提示：当指定多个目标时，从约束对象到每个目标对象所绘出的附加视线会继承每个目标的颜色。如果启用绝对视线长度，每个针对目标的线长度取决于其目标的权重设置和视线长度值。如果禁用绝对视线长度，每条线的长度取决于约束对象与每个独立目标间的距离和视线长度的值。

步骤 8 在【透视】视图中拖动时间滑块预览小狗眼睛的注视效果，如图6-41所示。按F9键快速渲染场景，效果如图6-42所示。

图6-41 预览小狗眼睛注视效果

图6-42 渲染动画

步骤 9 在确认了小狗眼睛注视动画的连贯性后，单击【渲染设置】按钮 ，弹出【渲染设置】对话框，设置动画的输出尺寸和渲染格式，单击【渲染】按钮渲染动画，在渲染到第30帧时，效果如图6-43所示。渲染到第60帧时，动画效果如图6-44所示。

图6-43 渲染到第30帧的效果

图6-44 渲染到第60帧的动画效果

实例 43 使用链接约束制作捡球动画

下面继续讲解使用【链接约束】制作一段机器手臂捡球动画的制作方法，这个动画中还应用到了【软管】对象和设置骨骼关键帧的知识。

学习目标

掌握【软管】对象模拟弹簧运动的方法
掌握设置骨骼关键帧的操作方法
掌握使用【链接约束】制作球的跟随动画

制作过程

资源路径：案例文件\Chapter 6\原始文件\制作捡球动画\制作捡球动画.max
案例文件\Chapter 6\最终文件\制作捡球动画\制作捡球动画.max

步骤 1 在学习制作捡球动画之前，先预览一下动画的最终效果，如图6-45所示。从本书配套资源中打开本例的相关原始场景文件，如图6-46所示。

图6-45 捡球动画的最终效果

图6-46 打开原始场景文件

步骤 2 单击【自动关键点】按钮 自动关键点，将时间滑块拖动至第40帧处，使用【选择并旋转】工具旋转Bicep对象，如图6-47所示。在视图中选择Bone01对象，使用【选择并旋转】工具旋转对象，然后再使用【选择并移动】工具调整其位置，效果如图6-48所示。

图6-47 旋转Bicep对象

图6-48 旋转并调整Bone01对象

步骤3 使用【选择并移动】工具分别在第13、20、33帧处调整Bone01对象的位置，如图6-49所示。将时间滑块拖动至第40帧处，再在视图中选择ClawWheelBase对象，单击【设置关键点】按钮 ⊷ 添加关键帧，如图6-50所示。

图6-49 调整Bone01对象的位置

图6-50 添加关键帧

步骤4 将时间滑块拖动至第60帧处，使用【选择并移动】工具调整ClawWheelBase对象的位置，效果如图6-51所示。确认该对象处于选中状态，将时间滑块拖动至第70帧处，使用【选择并旋转】工具旋转该对象，如图6-52所示。

图6-51 调整ClawWheel Base对象的位置

图6-52 旋转对象

步骤5 在场景中选择软管对象，在其参数面板中单击【拾取顶部对象】和【拾取底部对象】按钮，分别拾取软管两端的圆柱体对象以将软管绑定，如图6-53所示。将时间滑块拖动至第70帧处，在视图中选择ClawMover对象，单击【设置关键点】按钮 ⊷，添加关键帧如图6-54所示。

图6-53 绑定对象

图6-54 添加关键帧

第 6 章 使用约束和控制器制作建筑动画

步骤 6 将时间滑块移至第90帧处，调整ClawMover对象的位置，如图6-55所示。将时间滑块拖动至第100帧处，再次调整ClawMover对象的位置，如图6-56所示。

图6-55 调整ClawMover对象的位置　　　　　　图6-56 在第100帧处调整ClawMover对象的位置

步骤 7 将时间滑块拖动至第105帧处，单击【设置关键点】按钮，添加关键帧如图6-57所示。将时间滑块拖动至第130帧处，再次在视图中调整ClawMover对象的位置，如图6-58所示。

图6-57 在第105帧处添加关键帧　　　　　　图6-58 在第130帧处调整ClawMover对象的位置

步骤 8 使用相同的方法为机械手臂的爪子和小球添加动画效果，选择Sphere001对象，将时间滑块拖动至第108帧处，在菜单栏中选择【动画】|【约束】|链接约束】命令，然后在场景中拾取ClawMover对象，如图6-59所示。将时间滑块拖动至第107帧处，单击【链接到世界】按钮，然后在视图中调整小球的位置，如图6-60所示。

图6-59 在场景中拾取ClawMover对象　　　　　图6-60 在第107帧处调整小球的位置

提示：【链接到世界】按钮用于将对象链接到世界（整个场景），建议将此项置于列表框的第一个目标。此操作可避免在从列表框中删除其他目标时，链接对象还原为独立创建或生成动画变换效果。

步骤9 将时间滑块拖动至第108帧处，调整小球的位置，如图6-61所示。单击【自动关键点】按钮，在第130帧时，按F9键渲染，效果如图6-62所示。

图6-61 在第108帧处调整小球的位置

图6-62 渲染后的效果

实例44 使用噪波控制器制作乒乓球动画

【噪波控制器】会在一系列帧上产生随机的、基于分形的动画，它具有自身的参数设置选项，可以将这些参数设置为动画。下面将通过乒乓球动画讲解这个控制器的使用方法。

学习目标

掌握乒乓球运动关键帧的设置方法

掌握噪波控制器的添加方法

制作过程

资源路径：案例文件\Chapter 6\原始文件\制作乒乓球动画\制作乒乓球动画.max

案例文件\Chapter 6\最终文件\制作乒乓球动画\制作乒乓球动画.max

步骤1 在学习制作乒乓球动画之前，先预览一下这个动画的最终效果，如图6-63所示。从本书配套资源中打开乒乓球场景的原始文件，如图6-64所示。

图6-63 乒乓球动画最终效果

图6-64 打开原始场景文件

■ 步骤 2 在视图中选择乒乓球对象并右击，在弹出的快捷菜单中选择【对象属性】命令，弹出【对象属性】对话框，勾选【轨迹】复选框，并单击【确定】按钮，如图6-65所示。按N键开启【自动关键点】模式，在第0帧的位置上将乒乓球的位置调整为如图6-66所示的效果。

图6-65 勾选【轨迹】复选框

图6-66 调整乒乓球第0帧的位置

■ 步骤 3 将时间滑块移至第15帧处，将乒乓球向前移动再向下移动，如图6-67所示。在第31帧处将乒乓球调整到中央分界线的位置上，如图6-68所示。

图6-67 设置乒乓球第15帧的位置

图6-68 设置乒乓球第31帧的位置

■ 步骤 4 在第46帧处将乒乓球调整到左边桌面上，模拟乒乓球落到桌面的动作，如图6-69所示。将时间滑块移至第63帧处，设置乒乓球落到桌面后弹起的动作，如图6-70所示。

图6-69 设置乒乓球第46帧的位置

图6-70 设置乒乓球第63帧的位置

步骤 5 在第78帧处将乒乓球向右移动，模拟传球的动作效果，如图6-71所示。将时间滑块移至第85帧处，将乒乓球向右移动，模拟球弹起的动作，如图6-72所示。

图6-71 设置乒乓球第78帧的位置

图6-72 设置乒乓球第85帧的位置

提示：在设置乒乓球的运动关键点时，要正确地分析出乒乓球运动的规律，以及在桌面上弹起后发生偏移的效果。

步骤 6 使用同样的方法，继续为乒乓球设置关键帧动画，效果如图6-73所示。再次单击【自动关键点】按钮，关闭动画记录模式。确定乒乓球对象处于选中状态，切换到【运动】命令面板，在【指定控制器】卷展栏的列表框中选择【位置】下的【可用】选项，然后单击【指定控制器】按钮，在弹出的对话框中选择【噪波位置】控制器，如图6-74所示。

图6-73 设置关键帧动画

图6-74 选择【噪波位置】控制器

步骤 7 单击【确定】按钮，此时会弹出噪波控制器的参数对话框，在该对话框中将【频率】设置为0.009，将【X向强度】、【Y向强度】和【Z向强度】分别设置为0.127、0.127、0，如图6-75所示。在视图中拖动时间滑块预览乒乓球的运动效果，如图6-76所示。

图6-75 设置参数

图6-76 预览乒乓球运动效果

提示：X、Y、Z 强度参数为噪波输出设置值的范围，可设置动画。【渐入】参数设置噪波用于构建为全部强度的时间量。值为 0 时，使噪波从范围的起始处以全强度立即开始，任意其他的值使噪波以 0 强度开始，并根据在【渐入】字段所设置的时间构建全强度。

步骤 8 整个乒乓球动画设置完成后，按F10键弹出【渲染设置】对话框，设置动画的渲染输出，渲染到第30帧时的效果如图6-77所示。渲染到第90帧时，效果如图6-78所示。

图6-77 渲染到第30帧的效果

图6-78 渲染到第90帧的效果

实例 45 使用线性浮点控制器制作挂钟动画

【线性浮点】控制器可以在动画关键点之前插值，为运动添加了该控制器后，对象的运动轨迹将转换为线性插值变化，它不显示【属性】对话框，线性关键点中存储的只是时间和动画值。只要进行从一个关键点到下一个关键点的常规平均变换，就可以使用【线性浮点】控制器。下面将通过挂钟动画来讲解【线性浮点】控制器的使用方法。

学习目标

学会设置分针运动动画
掌握【线性浮点】控制器的添加方法

制作过程

资源路径：案例文件\Chapter 6\原始文件\制作挂钟动画\制作挂钟动画.max
案例文件\Chapter 6\最终文件\制作挂钟动画\制作挂钟动画.max

步骤 1 在学习制作挂钟动画的方法之前，先打开挂钟动画预览最终的效果，如图6-79所示。从本书配套资源中打开挂钟动画的原始场景文件，如图6-80所示。

图6-79 挂钟动画最终效果

图6-80 打开原始场景文件

步骤2 在场景中选择分针对象，并切换至【层次】命令面板，在【调整轴】卷展栏中单击【仅影响轴】按钮，然后将坐标中心轴移动到如图6-81所示的位置。调整完成后，再次单击【仅影响轴】按钮，然后按N键开启动画记录模式，在工具栏中单击【选择并旋转】按钮，在第100帧处将分针对象按顺时针方向旋转180°，如图6-82所示。

图6-81 调整轴心位置

图6-82 在第100帧的位置上旋转分针

步骤3 按N键退出动画记录模式，在视图中拖动时间滑块预览挂钟的分针动画，效果如图6-83所示。确认分针对象处于选中状态，单击工具栏中的【曲线编辑器】按钮，打开【轨迹视图-曲线编辑器】对话框，如图6-84所示，可以预览到分针的关键点曲线。

图6-83 预览分针动画

图6-84 打开【轨迹视图-曲线编辑器】对话框

步骤4 在轨迹视图窗口的左侧右击分针的【旋转】选项，在弹出的快捷菜单中选择【指定控制器】命令，如图6-85所示，弹出【指定浮点控制器】对话框，选择【线性浮点】控制器，如图6-86所示。

图6-85 选择【指定控制器】命令

图6-86 选择控制器类型

步骤5 单击【确定】按钮，即可添加【线性浮点】控制器，可以看到分针对象的关键点曲线显示为一条斜线，如图6-87所示。在视图中预览分针的线性浮点效果，如图6-88所示。

图6-87 曲线效果　　　　　　　　　图6-88 预览分针的线性浮点效果

提示：【线性浮点】控制器能控制整个对象的动画值以恒定速度进行。例如，从一种颜色变换到另一种颜色的颜色参数以恒定变换速率进行。

步骤6 将分针对象的动画参数设置完成后，按F10键，弹出【渲染设置：默认扫描线渲染器】对话框，设置动画的渲染输出格式及大小，当渲染到第30帧时，效果如图6-89所示。渲染到第90帧时的效果如图6-90所示。

图6-89 渲染到第30帧的效果　　　　　　　图6-90 渲染到第90帧的效果

实例46　使用路径约束制作篮球火运动动画

下面继续介绍使用【路径约束】和【位置约束】制作篮球火运动的动画，其中在设置篮球火运动的动画时应用到了【大气和效果】参数，在制作篮球火飞行动作时，应用到了【轨迹视图：曲线编辑器】对话框来编辑。

学习目标

巩固【变形】修改器的使用

掌握篮球火动作的设置

掌握【指定控制器】对话框的应用

掌握对象运动火焰参数的设置方法

制作过程

资源路径：案例文件\Chapter 6\原始文件\制作篮球火运动动画\制作篮球火运动动画.max
案例文件\Chapter 6\最终文件\制作篮球火运动动画\制作篮球火运动动画.max

步骤1 在学习制作篮球火运动动画之前先打开本例的最终文件预览一下最终效果，如图6-91所示。从本书配套资源中打开本例的相关原始场景，如图6-92所示。

图6-91 篮球火动画最终效果

图6-92 打开原始场景文件

步骤2 使用【创建】|【图形】|【弧】命令，绘制一条样条曲线，如图6-93所示。选择篮球对象，在主菜单栏中选择【动画】|【约束】|【路径约束】命令，将篮球约束到样条线上，如图6-94所示。

图6-93 绘制样条曲线

图6-94 选择【路径约束】命令

步骤3 单击【自动关键点】按钮，开启动画模式，将时间帧移动到0帧处，调整篮球的位置如图6-95所示。然后将时间帧移动到60帧处，调整篮球的位置如图6-96所示。

图6-95 调整篮球位置

图6-96 调整篮球位置

第6章 使用约束和控制器制作建筑动画

135

步骤 4 按N键，退出动画模式。在命令面板中选择【创建】|【辅助对象】|【大气装置】|【球体Gizmo】命令，在前视图中绘制一个球体，如图6-97所示。切换到【运动】命令面板，在【指定控制器】卷展栏中选择【变换】|【位置】命令，然后单击【指定控制器】按钮，弹出【指定位置控制器】对话框，在该对话框中选择【位置约束】选项，然后单击【确定】按钮，如图6-98所示。

图6-97 创建球体

图6-98 设置【位置约束】

步骤 5 选择绘制的球体Gizmo，在主菜单栏中选择【动画】|【约束】|【位置约束】命令，将其位置约束到篮球上，如图6-99所示。切换到【修改】命令面板，在【大气和效果】卷展栏中单击【添加】按钮，弹出【添加大气】对话框，选择【火效果】并单击【确定】按钮，如图6-100所示。

图6-99 选择【位置约束】命令

图6-100 添加【火效果】

步骤 6 单击【设置】按钮，弹出【环境和效果】对话框，在【火效果参数】卷展栏中，在【图形】选项组中将【火焰类型】设置为【火球】，在【特性】选项组中将【火焰大小】设置为35.0，将【密度】设置为15.0将【火焰细节】设置为3.0，将【采样】设置为15.0，在【动态】卷

展栏中将【相位】和【漂移】设置为0.0，如图6-101所示。在命令面板中选择【创建】|【辅助对象】|【大气装置】|【球体Gizmo】命令，在【球体Gizmo参数】卷展栏中，勾选【半球】选项，将【种子】设置为18124，绘制如图6-102所示的半球。

> 提示：在三维动画中，火焰效果主要是为了烘托 表现形式经常要用到的效果之一，除此之外，与火焰有关的特效还有火焰、火球、火炬、烟火、爆炸效果和星云等。

步骤7 使用【选择并均匀缩放】、【选择并旋转】和【选择并移动】命令，调整半球的大小和位置，如图6-103所示。切换到【运动】命令面板，在【指定控制器】卷展栏中选择【变换】|【位置】命令，然后单击【指定控制器】按钮，弹出【指定位置控制器】对话框，在该对话框中选择【位置约束】选项，然后单击【确定】按钮，如图6-104所示。

图6-101 设置【火效果】参数

图6-102 创建半球

图6-103 调整半球位置

图6-104 设置【位置约束】

步骤8 选择绘制的半球体，在主菜单栏中选择【动画】|【约束】|【位置约束】命令，将其位置约束到篮球上。使用【路径约束】将半球约束到弧上，设置关键帧位置和角度，切换到【修改】命令面板，在【大气和效果】卷展栏中单击【添加】按钮，弹出【添加大气】对话框，选择【火效果】，并单击【确定】按钮，如图6-105所示。

步骤9 单击【设置】按钮，弹出【环境和效果】对话框，在【火效果参数】卷展栏中，在【图形】选项组中将【火焰类型】设置为【火球】，在【特性】选项组中将【火焰大小】设置为40.0，将【密度】设置为15.0，将【火焰细节】设置为3.0，将【采样】设置为30.0，在【动态】卷展栏中将【相位】和【漂移】设置为0.0，如图6-106所示。

图6-105 添加【火效果】　　　　　　　　　图6-106 设置【火效果】参数

> 提示：要设置位置约束，必须具备一个物体以及另外一个或多个目标物体，物体被指定位置约束后就开始被约束在目标物体的位置上。如果目标物体运动，会使当前物体跟随运动。

步骤10 激活【透视】视图，拖动时间滑块移动到25帧处，渲染效果如图6-107所示。当将时间滑块移动到45帧处时，渲染效果如图6-108所示。

图6-107 25帧处渲染效果　　　　　　　　　图6-108 45帧处渲染效果

实例47　使用浮动限制控制器制作足球动画

通过【浮动限制】控制器可以为可用的控制器值指定上限和下限，从而限制被控制的轨迹的可能值范围。例如，在角色装备中可以使用该控制器来限制手指关节处的旋转，这样手指就不会向后弯曲。一般地，一旦轨迹被限定，并且该限定启用之后，则轨迹的值将无法再超出限制。本例将讲解使用【浮动限制】控制器来制作足球跳动的动画。

学习目标

掌握足球运动动画关键点的设置方法

掌握【浮动限制】控制器的添加方法

制作过程

资源路径：案例文件\Chapter 6\原始文件\制作足球动画\制作足球动画.max

案例文件\Chapter 6\最终文件\制作足球动画\制作足球动画.max

步骤1 在学习制作足球动画的方法之前，先打开动画最终效果预览一下，如图6-109所示。从本书配套资源中打开原始场景文件，如图6-110所示。

图6-109 足球运动效果

图6-110 打开原始场景文件

步骤2 按N键开启动画记录模式，在第0帧处将足球放在空中，如图6-111所示。在第10帧处将足球向下移至地板上，模拟足球落地的动作，如图6-112所示。

图6-111 设置足球起始帧的位置

图6-112 设置第10帧的位置

步骤3 将时间滑块移至第20帧处，将足球向上移动一定高度，制作足球弹起的动作，如图6-113所示。在第30帧处将足球向箱子方向移动，制作足球在地板上的动作，如图6-114所示。

步骤4 在第37帧处将足球对象移动到箱子的上方，如图6-115所示。将时间滑块移至第50帧处，将足球对象移动到箱子内，如图6-116所示。

图6-113 设置第20帧的位置

图6-114 设置第30帧的位置

图6-115 设置第37帧的位置

图6-116 第50帧的位置效果

步骤 5 按N键退出动画记录模式，在主工具栏中单击【曲线编辑器】按钮，打开【轨迹视图-曲线编辑器】对话框，预览足球运动的轨迹曲线，如图6-117所示。在左侧选择【Z位置】选项并右击，在弹出的快捷菜单中选择【指定控制器】命令，如图6-118所示。

图6-117 足球运动轨迹曲线

图6-118 选择【指定控制器】命令

步骤 6 在弹出的【指定浮点控制器】对话框中选择【浮动限制】选项，如图6-119所示。

单击【确定】按钮，弹出【浮动限制控制器】对话框，设置限制浮点参数，如图6-120所示。

图6-119 选择【浮动限制】选项

图6-120 设置限制浮点参数

提示：在第一次指定【浮动限制】控制器时，或右击高亮显示的浮动限制控制器轨迹并在弹出的快捷菜单中选择【属性】命令时，将弹出【浮动限制控制器】对话框。可以通过【切换限制】命令同时在场景中启用和禁用所有【浮动限制控制器】，该命令可以从3ds Max【动画】菜单中获得。如果一些【浮动限制控制器】启用而另一些禁用，则【切换限制】命令会将其全部启用。

步骤7 为对象添加了【浮动限制】控制器后，在【轨迹视图-曲线编辑器】对话框中可以观察到对象的运动曲线，如图6-121所示。在场景中按F9键快速渲染一次场景，预览动画效果，如图6-122所示。

图6-121 对象的运动曲线

图6-122 预览动画效果

实例48 使用位置约束制作遥控车动画

使用【位置约束】可以把对象的位置绑定到几个目标对象的加权位置，使受约束的对象跟随目标对象的位置变化，它继承的是目标对象的运动状态，所以其参数设置非常简单。下面就以遥控车动画为例讲解【位置约束】的使用方法。

学习目标

巩固【路径约束】的使用方法

掌握【位置约束】的使用方法

掌握对摄影机对象添加注视约束的方法

制作过程

资源路径：案例文件\Chapter 6\原始文件\制作遥控车动画\制作遥控车动画.max

案例文件\Chapter 6\最终文件\制作遥控车动画\制作遥控车动画.max

步骤 1 在学习制作遥控车动画的方法之前，先打开该动画的最终效果预览一下，如图6-123所示。从本书配套资源中打开遥控车动画的原始场景文件，如图6-124所示。

图6-123 遥控车动画最终效果

图6-124 打开原始场景文件

步骤 2 进入【图形】对象面板，单击【线】按钮，在【顶】视图中绘制一条样条线，它的轮廓效果如图6-125所示。在【辅助对象】面板中，单击【虚拟对象】按钮，在视图中创建一个虚拟对象，如图6-126所示。

图6-125 绘制样条线

图6-126 创建虚拟对象

步骤 3 在场景中选择创建的虚拟对象，选择【动画】|【约束】|【路径约束】命令，在视图中拾取样条线，如图6-127所示，此时虚拟对象将自动跳转至样条线的起点位置。选择虚拟对象，进入路径约束参数面板中设置相关的参数，如图6-128所示。

图6-127 添加路径约束　　　　　　　　　图6-128 设置路径约束参数

提示：【沿路径百分比】参数用于设置对象沿路径的位置百分比。这将把【轨迹属性】对话框中的值微调器复制到【轨迹视图】中的【百分比轨迹】。如果想要设置关键点来将对象放置于沿路径特定百分比的位置，要启用【自动关键点】，移动到想要设置关键点的帧，并调整【%沿路径】微调器来移动对象。

步骤 4 在视图中拖动时间滑块可以观察到虚拟对象开始沿着样条线运动，如图6-129所示。在【摄影机】对象面板中，单击【目标】按钮，在场景中创建一盏摄影机，如图6-130所示。

图6-129 预览虚拟对象的运动　　　　　　图6-130 创建摄影机

步骤 5 选择摄影机的目标对象，在菜单栏中选择【动画】|【约束】|【注视约束】命令，再拾取视图中的虚拟对象，如图6-131所示。选择车子对象，按照相同的方法执行【位置约束】命令，约束到虚拟对象上，如图6-132所示。

图6-131 拾取虚拟对象　　　　　　　　　图6-132 为车子添加位置约束

第 6 章　使用约束和控制器制作建筑动画

143

步骤 6 在视图中拖动时间滑块预览摄影机、车子和虚拟对象的运动效果如图6-133所示。从图中可以看出汽车在整个过程中始终保持一个姿势。

步骤 7 按N键开启动画记录模式，移动时间滑块，当汽车运动到转弯处时，使用旋转工具旋转车子对象，如图6-134和图6-135所示。

图6-133 车子和摄影机的运动效果

图6-134 旋转车子1

步骤 8 在第150帧时，遥控车已经运动到了样条线的末端，仍然使用旋转工具改变它的方向，如图6-136所示。最后添加【人造天空.tif】背景，按C键切换到摄影机视图，调整摄影机的位置，并将摄影机链接到汽车运动的路径上，观察遥控车的运动效果，如图6-137所示。

步骤 9 设置完整个场景的动画后，可以打开【渲染设置】对话框设置动画的渲染输出，渲染到第100帧时，效果如图6-138所示。

图6-135 旋转车子2

图6-136 在第150帧旋转车子方向

图6-137 遥控车运动效果

图6-138 渲染到第100帧的效果

提示：遥控车在转弯处的旋转调整一定要在动画记录模式下完成，否则车子在其他地方运动的位置方向也将改变。

实例49　使用链接约束制作灯头旋转动画

本例将介绍灯头旋转动画的制作方法。通过【运动】命令面板创建链接约束，然后设置关键点旋转灯头添加链接，使相关部位进行链接。通过滑动时间滑块可看到灯头旋转动画。

学习目标

掌握【倒角】的使用方法
掌握【挤出】和【锥化】的使用方法

制作过程

资源路径：案例文件\Chapter 6\原始文件\制作灯头旋转动画\制作灯头旋转动画.max

案例文件\Chapter 6\最终文件\制作灯头旋转动画\制作灯头旋转动画.max

步骤1 在学习制作灯头旋转动画之前，先预览一下这个动画的最终效果，如图6-139所示。从本书配套资源中打开本例的原始场景文件，如图6-140所示。

步骤2 选择灯筒02对象，切换至【运动】命令面板，展开【指定控制器】卷展栏，选择【变换】|【位置/旋转/缩放】选项，如图6-141所示。单击【指定控制器】按钮，在弹出的对话框中选择【链接约束】选项，如图6-142所示。

图6-139 最终效果

图6-140 原始场景文件

图6-141 选择【位置/旋转/缩放】选项

图6-142 选择【链接约束】选项

步骤3 设置完成后单击【确定】按钮，在【命令面板】中展开【链接参数】卷展栏，单击【添加链接】按钮，在视图中拾取灯筒01为链接对象，如图6-143所示。将灯筒02链接到灯筒01上之后，灯筒02会随着灯筒01运动而运动，如图6-144所示。

图6-143 添加链接　　　　　　　　　　图6-144 链接运动

步骤4 使用相同的方法为灯泡进行链接，如图6-145所示。单击【自动关键点】按钮，将时间滑块移至第40帧位置，在【左】视图中，使用【选择并旋转】工具将灯筒01向上旋转，如图6-146所示。

图6-145 设置自动关键点　　　　　　　　图6-146 选择灯筒

步骤5 单击【自动关键点】按钮，在第20帧时，按F9键渲染，如图6-147所示。在第40帧时动画效果如图6-148所示。

图6-147 第20帧处的渲染效果　　　　　　图6-148 第40帧处的动画效果

实例 50 使用路径约束制作小鸟飞行动画

本例介绍使用【路径约束】制作小鸟在空中飞行的动画，其中在设置小鸟飞行动画时应用到了【变形】修改器，在制作小鸟循环飞行动作时，应用到了【轨迹视图：曲线编辑器】对话框来编辑。

学习目标

巩固【变形】修改器的使用
掌握小鸟飞行动作的设置
掌握【轨迹视图：曲线编辑器】对话框的应用
掌握对象运动模糊属性的设置方法

制作过程

资源路径：案例文件\Chapter 6\原始文件\制作小鸟飞行动画\制作小鸟飞行动画.max
案例文件\Chapter 6\最终文件\制作小鸟飞行动画\制作小鸟飞行动画.max

步骤 1 在学习制作小鸟飞行动画之前，先预览动画的最终效果，如图6-149所示。从本书配套资源中打开本例的原始场景文件，如图6-150所示，该场景为一只简单的小鸟模型。

图6-149 小鸟飞行动画最终效果

图6-150 打开原始场景文件

步骤 2 在【前】视图中复制两个小鸟对象，如图6-151所示。分别进入两个小鸟的【顶点】子对象，移动调整小鸟的翅膀，制作出上扬和下垂两个姿势，如图6-152所示。

图6-151 复制小鸟对象

图6-152 制作小鸟飞行姿势

步骤 3 选择小鸟原始对象，在修改器下拉列表框中选择【变形器】修改器，如图6-153所示。在【通道列表】卷展栏中右击一个通道按钮，在弹出的快捷菜单中选择【从场景中拾取】命令，拾取副本对象，如图6-154所示。

图6-153 选择【变形】修改器

图6-154 拾取副本对象

提示：【通道列表】卷展栏上半部分包含管理标记的控件，标记在变形目标的列表框中指定不同位置。例如，通道15～24可能包含所有表情目标。除滚动以显示这些轨迹外，还可以从列表框中选择标记以显示对应的通道。

步骤 4 按N键快速开启动画记录，将时间滑块分别移至第20帧和第23帧处，将【变形】修改器的参数关键帧设置为100，如图6-155所示。在第40帧和第43帧处将【变形】修改器参数设置为0，如图6-156所示。

图6-155 设置第20帧和第23帧的参数

图6-156 设置第40和第43帧的参数

步骤 5 这样小鸟就完成了一个飞翔动作，如图6-157所示。单击主工具栏中的【曲线编辑器】按钮，打开【轨迹视图】窗口，如图6-158所示。

图6-157 小鸟的飞翔动作

图6-158 打开轨迹视图

步骤6 在【轨迹视图】窗口的曲线编辑窗口，选择所有的关键点，如图6-159所示。选择菜单栏中的【编辑】|【控制器】|【超出范围类型】命令，在打开的曲线类型对话框中选择【循环】类型，如图6-160所示。

图6-159 选择所有关键点

图6-160 选择【循环】类型

提示：【循环】类型是在一个范围内重复相同的动画，但是会在范围内的结束帧和起始帧之间进行插值来创建平滑的循环。如果初始和结束关键点同时位于范围的末端，循环实际上会与周期类似。如果使用【位置范围】来扩展范围栏超出关键点，附加的长度会确定在结束帧和起始帧之间用于插值的时间量，使用带有扩展范围栏的循环来产生平滑的重复动画。

步骤7 单击【确定】按钮，关闭对话框，可以看到小鸟飞行动画开始循环下去，如图6-161所示。进入【图形】对象面板，单击【线】按钮，绘制一条样条线，如图6-162所示。

图6-161 循环效果

图6-162 绘制样条线

步骤8 选择小鸟对象，在主菜单栏中选择【动画】|【约束】|【路径约束】命令，将小鸟约束到样条线上，如图6-163所示。从本书配套资源中选择一张室外建筑的图片，添加到场景中作为背景，如图6-164所示。

图6-163 添加路径约束

图6-164 添加背景图片

步骤9 在【顶】视图中将小鸟和样条线选中，按住Shift键复制出5个副本对象，如图6-165所示。在【透视】视图中预览的效果如图6-166所示。

图6-165 复制小鸟和样条线

图6-166 预览动画

步骤10 分别选择每只小鸟对象，在视图中右击，在弹出的快捷菜单中选择【对象属性】命令，弹出【对象属性】对话框，设置每只小鸟的【运动模糊】为1，如图6-167所示。在视图中选择一个合适的观察角度，按F9键渲染一次小鸟的运动模糊效果，如图6-168所示。

图6-167 开启运动模糊

图6-168 渲染运动模糊效果

步骤 11 在【透视】视图中拖动时间滑块预览和检查动画，确认动画的连贯性后渲染输出动画，在渲染到第60帧时，效果如图6-169所示。渲染到第100帧时，效果如图6-170所示。

图6-169 渲染到第60帧时的效果

图6-170 渲染到第100帧时的效果

实例 51 使用链接约束制作人物提包动画

【链接约束】可以在对象之间传递层次链接，使对象继承目标对象的位置、旋转度和比例，这样场景中的不同对象便可以同时应用链接约束的对象运动。下面将介绍使用【链接约束】来制作建筑动画中人物提包动画的制作方法。

学习目标

掌握导入动画BIP文件的方法

掌握【链接约束】的添加和设置方法

制作过程

资源路径：案例文件\Chapter 6\原始文件\制作人物提包动画\制作人物提包动画.max

案例文件\Chapter 6\最终文件\制作人物提包动画\制作人物提包动画.max

步骤 1 在讲解人物提包动画的制作方法之前，先预览一下这个动画的最终效果，如图6-171所示。从本书配套资源中打开本例的原始场景文件，如图6-172所示，该场景中包含一个人物模型和一个皮包模型，其中人物模型已经进行过蒙皮处理。

图6-171 人物提包动画效果

图6-172 打开原始场景文件

步骤2 在场景中选择任意一个骨骼关节对象，切换至【运动】命令面板，展开【Biped】卷展栏，如图6-173所示。单击【导入文件】按钮，在弹出的对话框中选择本书配套资源中的【提包.BIP】文件，如图6-174所示。

图6-173 展开【Biped】卷展栏

图6-174 选择需要导入的素材文件

步骤3 单击【打开】按钮，将选择的BIP文件导入到模型的骨骼上，在视图中可以观察到角色的姿势动作发生了改变，如图6-175所示。使用视口控件按钮将【透视】视图中的观察角度调整到合适的位置，如图6-176所示。

图6-175 导入BIP文件效果

图6-176 调整视图角度

提示：在场景中全选所有的角色骨骼关节并右击，在弹出的快捷菜单中选择【对象属性】命令，在弹出的对话框中勾选【显示为长方体】复选框，将骨骼对象显示为长方体外框，方便选择和调整。

步骤4 在视图中拖动时间滑块，可以预览角色行走的效果，如图6-177所示。单击【自动关键点】按钮，将时间滑块移至第4帧，在场景中选择【文件包】对象，将该对象中的全部关键帧删除，如图6-178所示。

步骤5 单击【自动关键点】按钮，退出动画记录模式，将时间滑块移至第247帧处，人物出现了一个弯腰的动作姿势，如图6-179所示。将箱子移动到人物的右手边上，如图6-180所示。

图6-177 预览角色的行走效果

图6-178 删除全部关键帧

图6-179 将时间定格在第247帧

图6-180 调整箱子的位置

步骤 6 选择箱子对象,切换至【运动】命令面板,展开【指定控制器】卷展栏,选择【变换】|【链接参数】选项,如图6-181所示,单击【指定控制器】按钮,在弹出的对话框中选择【链接约束】选项,如图6-182所示。

图6-181 选择【链接参数】选项

图6-182 选择【链接约束】选项

步骤 7 设置完成后单击【确定】按钮,在【命令面板】中展开【链接参数】卷展栏,单击【添加链接】按钮,在视图中将任务模型隐藏,拾取右手上的骨骼对象为链接对象,如图6-183所示。将箱子链接到手上之后,箱子便可随着人物运动而运动,如图6-184所示。

图6-183 添加链接对象

图6-184 箱子运动的效果

步骤 8 单击【自动关键点】按钮,将时间滑块移至第248帧处,使用【旋转工具】将人物的手指骨骼旋转为握着箱子的姿势,如图6-185所示。使用同样的方法,将人物手指在第249~400帧处都旋转相同的姿势,如图6-186所示。

图6-185 设置第248帧的人物手指姿势

图6-186 设置第249~400帧处的手指姿势

步骤 9 切换至【创建】|【几何体】选项,在【对象类型】卷展栏中选择【平面】选项,在场景中创建一个平面对象,如图6-187所示。按M键快速打开【材质编辑器】窗口,选择一个空白材质球。选择Standard选项,在弹出的对话框中选择【天光/投影】选项,如图6-188所示。

图6-187 创建平面

图6-188 选择【天光/投影】选项

步骤 10 单击【确定】按钮,将该材质指定给场景中的平面对象,切换至【创建】|【灯光】对象面板,在【对象类型】卷展栏中选择【泛光灯】对象,在场景中创建一盏泛光灯对象,并将其调整至合适的位置,如图6-189所示,然后复制两个泛光灯,并将其【倍增】值设置为0.6,调

整至合适的位置，如图6-190所示。

图6-189 常见泛光灯

图6-190 复制泛光灯并调整至合适位置

步骤11 在视图中按F9键快速渲染一次场景的灯光效果，如图6-191所示。单击工具栏中的【选择并链接】按钮📎，将灯光链接到人物上，使灯光总是照射着人物。将时间滑块拖动至第300帧处，渲染灯光效果如图6-192所示。

图6-191 渲染灯光效果

图6-192 预览第300帧时灯光动画效果

步骤12 在场景中拖动时间滑块播放预览动画后，可以使用渲染场景画面的方法来检查场景的动画效果。图6-193所示为第80帧的效果，将时间滑块向后移至第120帧处，渲染场景的画面效果如图6-194所示。

图6-193 第80帧的效果

图6-194 第120帧的效果

步骤 13 将时间滑块移至第246帧处，在场景中选择【皮包】对象，将其连接到世界，并在视图中调整皮包的位置，如图6-195所示。将时间滑块移至第247帧处，调整皮包的位置，如图6-196所示。

图6-195 调整皮包的位置　　　　　　　　　　　　图6-196 第247帧皮包的位置

步骤 14 设置完成后预览效果，重新调整一下任务的大小与位置，在第80帧处的效果如图6-197所示，第300帧处的效果如图6-198所示。

图6-197 第80帧处的效果　　　　　　　　　　图6-198 第300帧处的效果

第7章

粒子特效动画

在3ds Max 中可以通过专门的空间变形来控制一个粒子系统和场景之间的交互作用，还可以控制粒子本身的可繁殖特性，这些特性允许粒子在发生碰撞时发生变异、繁殖或者死亡。简单地说，粒子系统是一些粒子的集合，通过指定发射源在发射粒子流源的同时创建各种动画效果。在3ds Max中，粒子系统是一个对象，而发射的粒子是子对象，可以将粒子系统作为一个整体来设置动画，并且随时调整粒子系统的属性，以控制每一个粒子的行为。

实例 52　使用雪粒子制作下雪动画

雪粒子用于模拟降雪或投撒的纸屑，雪系统与喷射类似，但是雪系统提供了其他参数来生成翻滚的雪花。下面将讲解使用雪粒子制作下雪动画的方法。

学习目标

掌握雪粒子的参数设置方法

制作过程

资源路径：案例文件\Chapter 7\最终文件\制作下雪动画\制作下雪动画.max

步骤 1 在讲解【雪粒子】的使用方法之前，先打开本例的最终效果预览一下，如图7-1所示。新建场景，执行【创建】|【几何体】|【粒子系统】|【雪】命令，如图7-2所示。

图7-1　下雪动画最终效果

图7-2　执行【雪】命令

步骤 2 在场景中创建一个雪粒子对象，如图7-3所示。在雪粒子的【参数】卷展栏中设置雪粒子参数，【渲染计数】设置为1000，【雪花大小】设置为1.5；【变化】设置为5；选中【雪花】单选按钮；【渲染】选择为【面】；将【发射器】的【宽度】设置为200，【长度】设置为120，其他参数默认，如图7-4所示。

图7-3　创建雪粒子

图7-4　设置参数

提示：【雪花】、【圆点】和【十字叉】3种类型用于确定粒子在视口中的显示方式。显示设置不影响粒子的渲染方式。雪花是一些星形的雪花，圆点是一些点，十字叉是一些小的加号。

步骤 3 从配套资源中选择一张背景图片，添加到场景中，如图7-5所示。选中【透视】视图，按Alt+B组合键，弹出【视口配置】对话框，在其中的【背景】选项卡中选中【使用文件】单选按钮，并单击【文件】按钮，选择【背景1.jpg】素材背景图片，然后单击【确定】按钮，如图7-6所示。

图7-5 添加背景图片　　　　　　图7-6 选择背景图片

步骤 4 按M键打开【材质编辑器】对话框，选择一个标准材质球并设置它的参数，【环境光】的【亮度】设置为【255】；勾选【自发光】中的【颜色】复选框，并将其【亮度】设置为255；【不透明度】设置为80，如图7-7所示。单击【不透明度】后面的通道按钮，在弹出的对话框中选择【渐变坡度】贴图，如图7-8所示。

图7-7 设置材质　　　　　　　　图7-8 选择【渐变坡度】贴图

步骤 5 在【渐变坡度参数】卷展栏中设置渐变参数，【渐变类型】设置为【径向】，如图7-9所示。单击【背景】按钮，双击放大雪花材质球，预览材质效果，如图7-10所示。

图7-9 设置渐变参数　　　　　　图7-10 材质球效果

3ds Max 动画制作实例精讲教程

步骤6 按8键打开【环境和效果】对话框，将【背景1.jpg】添加为环境贴图，如图7-11所示。将此贴图拖动到一个标准材质球中，设置【坐标】参数。选中【环境】单选按钮，将【贴图】设置为【屏幕】，如图7-12所示。

图7-11 添加环境贴图

图7-12 下雪动画效果

步骤7 将雪花材质应用给雪粒子，将时间滑块拖动到第40帧处，按F9键快速渲染一次场景，场景的下雪效果如图7-13所示。按F10键打开【渲染设置】对话框设置动画的渲染输出参数，时间输出的【范围】设置为0~50，选择文件的输出，单击【渲染】按钮渲染动画，如图7-14所示。

图7-13 下雪效果

图7-14 设置动画的渲染参数

实例53 使用喷射粒子制作下雨动画

喷射粒子用于模拟雨、喷泉，以及公园水龙带的喷水等水滴效果。本例讲解使用喷射粒子模拟制作下雨动画效果的方法。

学习目标

掌握喷射粒子的参数设置方法

制作过程

资源路径：案例文件\Chapter 7\最终文件\制作下雨动画\制作下雨动画.max

步骤1 在讲解使用喷射粒子制作下雨动画的方法之前，先打开下雨动画的最终效果预览一下，如图7-15所示。新建场景，执行【创建】|【几何体】|【粒子系统】|【喷射】命令，在场景中创建一个喷射粒子对象并调整其位置，如图7-16所示。

图7-15 下雨动画效果

图7-16 创建喷射粒子对象

步骤2 在【修改】命令面板中设置喷射粒子的参数，【视口计数】设置为1 000；【渲染计数】设置为2 000，【寿命】设置为100，如图7-17所示。按8键，打开【环境和效果】对话框，单击【环境贴图】中的【无】按钮，从配套资源中选择添加一张背景贴图，如图7-18所示。

提示：【视口计数】参数在指定帧处设置视口中显示最大粒子数。将视口显示数量设置为少于渲染计数，可以提高视口的性能。【渲染计数】参数用于确定一个帧在渲染时可以显示的最大粒子数。该选项与粒子系统的计时参数配合使用。

图7-17 设置粒子参数

图7-18 添加背景贴图

步骤3 选中【透视】视图，在视图中按Alt+B组合键，弹出【视口配置】对话框，选中【使用环境背景】单选按钮，如图7-19所示。将背景图像显示在视图中。执行【创建】|【摄像机】|【目标】命令，创建一个目标摄影机并调整其位置，选择【透视】视图，按C键转换为摄影机视图，如图7-20所示。

图7-19 选中【使用环境背景】单选按钮

图7-20 创建目标摄影机

步骤 4 按M键打开【材质编辑器】对话框，选择一个标准材质球，设置其基本材质参数，将【环境光】的【亮度】设置为255；勾选【自发光】中的【颜色】选项，并将其【亮度】设置为200；【不透明度】设置为50，如图7-21所示。单击【不透明】后面的按钮，在弹出的对话框中选择【渐变】贴图，并设置渐变参数，将【颜色#2】的【亮度】设置为【44】，并将【渐变类型】设置为【径向】，如图7-22所示。

图7-21 设置基本材质参数

图7-22 设置渐变参数

步骤 5 将材质指定给喷射粒子对象，按M键打开【材质编辑器】对话框，按8键打开【环境和效果】对话框，将环境贴图拖动到一个标准材质球中，在弹出的对话框中单击【确定】按钮，如图7-23所示。设置【坐标】参数。选中【环境】单选按钮，将【贴图】设置为【屏幕】，如图7-24所示，设置完成后，按F9键渲染效果即可。

图7-23 添加环境贴图到标准材质球

图7-24 设置【坐标】参数

 实例 54 使用粒子云制作水泡动画

粒子云可以填充特定的体积，如创建一群鸟、一个星空或一队在地面上行军的士兵。可以使用提供的基本体积（长方体、球体或圆柱体）限制粒子，也可以使用场景中任意可渲染对象作为体积，只要该对象具有深度。二维对象不能使用粒子云。本例将讲解使用粒子云制作水泡动画的方法。

学习目标

掌握粒子云的创建和参数设置方法

制作过程

资源路径: 案例文件\Chapter 7\最终文件\制作水泡动画\制作水泡动画.max

■■ 步骤1 打开本书配套资源中的水泡动画的最终效果预览一下, 如图7-25所示。下面来讲解这个动画的制作方法, 新建场景, 执行【创建】|【几何体】|【粒子系统】|【粒子云】命令, 在场景中创建一个粒子云对象, 如图7-26所示。

图7-25 水泡动画效果　　　　　　　　图7-26 创建粒子云对象

■■ 步骤2 在【几何体】对象面板中, 选择【标准基本体】|【圆柱体】选项, 创建一个圆柱体对象, 如图7-27所示。右击该圆柱体, 在弹出的快捷菜单中选择【对象属性】命令, 在弹出的对话框中取消勾选【可渲染】复选框, 如图7-28所示。

图7-27 创建圆柱体对象　　　　　　　　图7-28 设置对象属性

> 提示: 【可渲染】复选框可使某个对象或选定对象在渲染输出中可见或不可见。不可渲染对象不会投射阴影, 也不会影响渲染场景中的可见组件。不可渲染对象 (如虚拟对象) 可以操纵场景中的其他对象。

步骤3 选择粒子云对象，切换至【修改】选项卡，在其【基本参数】卷展栏中单击【拾取对象】按钮，拾取圆柱体对象，如图7-29所示。执行【创建】|【几何体】|【标准基本体】|【球体】命令，在场景中创建一个球体对象，如图7-30所示。右击该球体，在弹出的快捷菜单中选择【对象属性】命令，在弹出的对话框中取消勾选【可渲染】复选框。

图7-29 拾取圆柱体对象　　　　　　　　图7-30 创建球体对象

步骤4 选择粒子云对象，切换至【修改】选项卡，在其【粒子类型】卷展栏中选中【实例几何体】单选按钮，如图7-31所示。在【实例参数】选项组中单击【拾取对象】按钮，拾取球体，如图7-32所示。

图7-31 设置粒子类型　　　　　　　　图7-32 拾取球体

步骤5 选择粒子云对象，切换至【修改】选项卡，在【基本参数】中的【视口显示】中，选择【圆点】；在【粒子生成】卷展栏的【粒子数量】选项组中将【使用速率】设置为10，将【粒子运动】选项组的【速度】设置为2.5，【变化】设置为50，如图7-33所示。将【方向向量】的Z坐标设置为100，【变化】设置为100；在【粒子计时】中，将【发射停止】设置为5，【显示时限】和【寿命】都设置为100；在【粒子大小】中，将【大小】设置为1，【变化】设置为50，如图7-34所示。

图7-33 设置粒子基本参数1　　　　　　　　图7-34 设置粒子基本参数2

步骤 6 按M键打开【材质编辑器】对话框，选择【各向异性】明暗器类型，并设置材质的基本参数，将【环境光】设置为0、3、1，将【漫反射】设置为0、25、9，将【自发光】设置为0、18、5，如图7-35所示。展开【贴图】卷展栏，在【自发光】和【不透明】通道中添加【衰减】贴图，在【反射】通道中添加【光线跟踪】材质，如图7-36所示。

图7-35 设置材质基本参数

图7-36 【贴图】卷展栏

步骤 7 单击【背景】按钮，双击放大材质球，可以预览水泡材质效果，如图7-37所示。按8键，从配套资源中选择一张如图7-38所示的贴图作为场景的背景贴图。

图7-37 材质效果

图7-38 添加背景贴图

步骤 8 选中【透视】视图，按Alt+B组合键，弹出【视口配置】对话框，在【背景】选项卡中，选中【使用环境背景】单选按钮，如图7-39所示。将添加的背景贴图显示在视图中，按M键打开【材质编辑器】对话框，按8键打开【环境和效果】对话框，将【背景.jpg】添加为环境背景，然后将环境贴图拖动到一个标准材质球中，设置【坐标】参数。选中【环境】单选按钮，将【贴图】设置为【屏幕】，如图7-40所示。

图7-39 使用环境背景

图7-40 添加环境贴图

提示：在视图中使用【缩放】按钮🔍将视图进行缩放调整，放大显示粒子效果后进行渲染，可以得到较大的水泡效果。

步骤 9 将制作好的水泡材质应用给粒子云对象，选中【透视】视图，按F9键快速渲染一次场景，水泡效果如图7-41所示。将水泡动画的参数设置完成后，选取一个好的观察角度，渲染输出动画，如图7-42所示。

图7-41 渲染水泡材质   图7-42 渲染动画

实例 55 使用喷射粒子制作喷水动画

喷射粒子与空间扭曲对象结合使用还能制作更多有趣的动画效果。本例将介绍使用喷射粒子与重力空间扭曲结合，制作消防栓喷水动画的方法。

学习目标

掌握喷射粒子的参数设置

巩固重力空间扭曲的使用方法

制作过程

资源路径：案例文件\Chapter 7\原始文件\制作喷水动画\制作喷水动画.max

案例文件\Chapter 7\最终文件\制作喷水动画\制作喷水动画.max

步骤 1 在讲解使用喷射粒子制作喷水动画的方法之前，先打开动画最终效果预览一下，如图7-43所示。从本书配套资源中打开场景的原始文件，该场景为一个消防栓模型，如图7-44所示。

图7-43 喷水动画效果   图7-44 打开原始场景文件

步骤 2 执行【创建】|【几何体】|【粒子系统】|【喷射】命令，在【前】视图中创建一个喷射对象，将它放在消防栓的出水口处，然后在其他视图中调整其位置，并单击【选择并旋转】按钮 ↺，将其旋转到适当位置，如图7-45所示。在【修改】命令面板中进入喷射粒子的【参数】卷展栏，并设置粒子参数，将【粒子】的【视口计数】设置为200，【渲染计数】设置为900，【水滴大小】设置为15.0，【速度】设置为1.2，【变化】设置为0.16；将【计时】下的【开始】设置为-100，【寿命】设置为100，如图7-46所示。

图7-45 创建喷射粒子

图7-46 设置参数

提示：【计时】选项组控制发射粒子的出生和消亡速率。在【计时】选项组的底部显示最大可持续速率。此值基于【渲染计数】和每个粒子的寿命。为了保证准确，最大可持续速率=渲染计数/寿命，因为一帧中的粒子数永远不会超过【渲染计数】的值，如果【出生速率】超过了最高速率，系统将用完所有粒子，并暂停生成粒子，直到有些粒子消亡为止，然后重新生成粒子，形成突发或喷射的粒子。

步骤 3 在【空间扭曲】对象面板中单击【重力】按钮，在视图中创建一个重力对象，如图7-47所示。在【修改】命令面板中设置重力参数，将【强度】设置为0.1，如图7-48所示。

图7-47 创建重力对象

图7-48 设置重力参数

步骤 4 选择喷射粒子对象，在工具栏中单击【绑定到空间扭曲】按钮 ❈，将粒子绑定到重力对象上，此时喷射粒子的方向变成垂直向下，如图7-49所示。在视图中拖动时间滑块可以预览粒子喷射的动画效果，如图7-50所示。

图7-49 绑定到空间扭曲

图7-50 预览粒子喷射效果

步骤5 按M键打开【材质编辑器】对话框，选择一个空白的材质球，设置基本参数，将【环境光】和【漫反射】设置为淡蓝色（150、227、224），如图7-51所示。展开【贴图】卷展栏，单击【凹凸】后面的按钮，在弹出的对话框中选择【噪波】贴图，并设置噪波参数，如图7-52所示。

图7-51 设置材质参数

图7-52 添加【噪波】贴图

步骤6 在【反射】和【折射】通道中添加【光线跟踪】材质，并设置通道数量参数，将【凹凸】的数量设置为50，【反射】的数量设置为80，【折射】的数量设置为10，如图7-53所示。单击【背景】按钮，此时双击放大材质球，可预览水的材质效果，如图7-54所示。

图7-53 添加【光线跟踪】材质

图7-54 水材质效果

步骤 7 将水材质应用给喷射粒子对象，按F9键渲染材质效果，如图7-55所示。将动画参数设置完毕后，按F10键打开【渲染设置】对话框，设置动画的渲染输出参数，渲染某一帧时的画面效果如图7-56所示。

图7-55 渲染材质效果

图7-56 渲染动画

实例56 使用超级喷射粒子制作喷泉动画

本例讲解使用超级喷射粒子与重力对象结合，制作喷泉动画的方法。超级喷射发射受控制的粒子喷射，此粒子系统与简单的喷射粒子系统类似，只是增加了所有新型粒子系统提供的功能。

学习目标

掌握超级喷射粒子的创建及使用方法
掌握重力空间扭曲对象的参数设置方法

制作过程

资源路径：案例文件\Chapter 7\原始文件\制作喷泉动画\制作喷泉动画.max
案例文件\Chapter 7\最终文件\制作喷泉动画\制作喷泉动画.max

步骤 1 在讲解制作喷泉动画方法之前，先打开喷泉动画的最终效果预览一下，如图7-57所示。从本书配套资源中打开场景的原始文件，如图7-58所示。

图7-57 喷泉动画的最终效果

图7-58 打开原始场景文件

步骤 2 执行【创建】|【几何体】|【粒子系统】|【超级喷射】命令，在场景中创建一个超级

喷射粒子对象并调整其位置，如图7-59所示。进入【修改】命令面板中设置粒子的基本参数，将【扩散】分别设置为6和180；【图标大小】设置为4，并勾选【发射器隐藏】复选框，如图7-60所示。

> 提示：【显示图标】选项组用于设置超级喷射粒子图标的显示大小，启用【发射器隐藏】复选框后，将隐藏超级喷射的粒子图标。

图7-59 创建超级喷射粒子

图7-60 设置粒子基本参数

步骤3 展开【粒子生成】卷展栏，设置粒子的寿命和数量参数，将【使用速率】设置为30；【速度】设置为2.5；【发射停止】和【显示时限】设置为150，【寿命】设置为50，如图7-61所示。选择粒子对象，在视图中右击，在弹出的快捷菜单中选择【对象属性】命令，弹出【属性设置】对话框，设置粒子的运动模糊参数，选择【图像】选项，将【倍增】设置为5，如图7-62所示。

图7-61 设置粒子生成参数

图7-62 设置粒子运动模糊

步骤4 按M键打开【材质编辑器】对话框，选择【07 - Default】材质球，将材质应用给场景中的粒子对象，如图7-63所示。按住Shift键，复制7个超级喷射粒子对象，并将粒子发射器分别复制到其他几个出水口上，如图7-64所示。

步骤5 在视图中拖动时间滑块预览粒子效果，此时粒子是垂直向上发射的，如图7-65所示。在【空间扭曲】对象面板中，单击【重力】按钮，创建一个重力对象，如图7-66所示。

图7-63 应用材质

图7-64 复制粒子

图7-65 粒子效果

图7-66 创建重力对象

步骤6 选择重力对象，在其参数卷展栏中设置重力的参数，将【强度】设置为0.055，【图标大小】设置为18，如图7-67所示。单击工具栏中的【绑定到空间扭曲】按钮 ，将所有的粒子绑定到重力对象上，如图7-68所示。

图7-67 设置重力参数

图7-68 绑定到空间扭曲

提示：增加【强度】会增加重力的效果，即对象的移动与重力图标方向箭头的相关程度。小于0的强度会创建负向重力，该重力会排斥以相同方向移动的粒子，并吸引以相反方向移动的粒子。设置【强度】为0时，【重力】空间扭曲没有任何效果。

步骤 7 确认将水材质应用给粒子对象，按F9键快速渲染一次场景，效果如图7-69所示。按F10键打开【渲染设置】对话框，设置动画的渲染输出参数，最终效果如图7-70所示。

图7-69 渲染材质效果

图7-70 渲染动画

实例 57　使用超级喷射粒子制作礼花动画

本例讲解使用超级喷射粒子结合镜头特效制作礼花效果的方法。

学习目标

掌握超级喷射粒子参数的设置方法

掌握视频合成器窗口的使用方法

制作过程

资源路径：案例文件\Chapter 7\最终文件\制作礼花动画\制作礼花动画.max

步骤 1 在讲解制作礼花动画的方法之前，先打开礼花动画的最终效果预览一下，如图7-71所示。执行【创建】|【几何体】|【粒子系统】|【超级喷射】命令，在视图中创建一个超级喷射对象，如图7-72所示。

图7-71 礼花效果

图7-72 创建超级喷射对象

步骤 2 选择超级喷射粒子对象，在其【基本参数】卷展栏中设置基本参数，将【扩散】分别设置为180和90，【粒子数百分比】设置为100，如图7-73所示。在【粒子生成】卷展栏中设置粒子的时间和总数，在【粒子数量】中，选择【使用总数】选项并设置为30；在【粒子运动】中，将【速度】设置为4，【变化】设置为100；在【粒子计时】中，将【发射停止】设置为0，【显示时限】设置为280，【寿命】设置为50，【变化】设置为60，如图7-74所示。

图7-73 设置粒子基本参数

图7-74 设置粒子生成参数

步骤3 在【粒子生成】卷展栏中的【粒子大小】选项组中设置粒子的大小参数，【增长耗时】设置为12，【衰减耗时】设置为12，如图7-75所示。在【粒子类型】卷展栏中选中【标准粒子】单选按钮并选择【立方体】选项，如图7-76所示。

图7-75 设置粒子大小

图7-76 设置粒子类型

步骤4 展开【旋转和碰撞】卷展栏，设置粒子的旋转和碰撞参数，将【自旋时间】设置为0，如图7-77所示。在【空间扭曲】对象面板中，单击【重力】按钮，在场景中创建一个重力对象，并设置它的重力参数，将【强度】设置为0.02，如图7-78所示。

图7-77 设置自旋时间

图7-78 创建重力空间扭曲

步骤5 选择超级喷射粒子对象，切换至【修改】面板，在其【粒子繁殖】卷展栏中设置基本参数，选择【繁殖拖尾】单选按钮，将【影响】设置为100，【倍增】设置为2，【变化】设置为0，【方向混乱】的【混乱度】设置为1，如图7-79所示。将【速度混乱】的【因子】设置为1并选择【快】和【继承父粒子速度】选项，将【缩放混乱】的【因子】设置为100，如图7-80所示。

图7-79 设置粒子繁殖参数

图7-80 创建速度混乱和缩放混乱参数

步骤6 单击工具栏中的【绑定到空间扭曲】按钮 ≈，将粒子对象绑定到重力上，在视图中拖动时间滑块可以预览粒子的发射效果，如图7-81所示。按M键打开【材质编辑器】对话框，长按【材质通道】按钮 回，将材质ID设置为1，并设置基本参数，如图7-82所示。

图7-81 绑定到空间扭曲

图7-82 设置材质ID

提示：【材质通道】弹出按钮上的按钮将材质标记为镜头效果或渲染效果，或存储以RLA或RPF文件格式保存的渲染图像的目标（以便通道值可以在后期处理应用程序中使用）。材质ID值等同于对象的G缓冲区值。默认值0表示未指定材质ID通道。

步骤7 单击【漫反射】后面的通道按钮，在弹出的对话框中选择【粒子年龄】贴图，并设置其参数，如图7-83所示。将制作好的礼花材质应用给超级喷射粒子对象。按8键打开【环境和效果】对话框，将【背景.jpg】添加为环境背景，然后将环境贴图拖动到一个标准材质球中，设置【坐标】参数。选中【环境】单选按钮，【贴图】设置为【屏幕】，如图7-84所示。

图7-83 添加【粒子年龄】贴图

图7-84 添加环境贴图

步骤 8 将时间滑块滑动到第20帧处，在菜单栏中选择【渲染】|【视频后期处理】命令，打开【视频后期处理】对话框，在其中单击【添加场景事件】按钮 ，将【透视】视图添加进来，如图7-85所示。选中【透视】场景事件，单击【添加图像过滤事件】按钮 ，为场景添加【镜头效果光晕】效果，如图7-86所示。

图7-85 添加场景事件

图7-86 添加镜头效果光晕

步骤 9 单击【设置】按钮，打开镜头特效的参数对话框，单击【队列】和【预览】按钮，可以将粒子效果在窗口中预览，如图7-87所示。在【属性】选项卡中设置参数，勾选【效果ID】复选框，如图7-88所示。

步骤 10 切换到【首选项】选项卡，设置镜头效果的参数，将【效果】选项组中的【大小】设置为4；将【颜色】中的【强度】设置为40，如图7-89所示。单击【添加图像过滤事件】按钮 ，继续为场景添加镜头效果光晕，如图7-90所示。

图7-87 执行队列

图7-88 勾选【效果ID】复选框

图7-89 设置首选项参数

图7-90 再添加一个镜头效果光晕

步骤 11 单击【编辑当前事件】按钮 ，单击【设置】按钮，在【首选项】选项卡中设置第2个光晕效果的参数，如图7-91所示。单击【确定】按钮完成设置，此时得到的礼花效果如图7-92所示。

图7-91 设置首选项参数

图7-92 礼花效果

步骤 12 按照相同的添加图像过滤事件的方法，多添加几次镜头效果光晕，如图7-93所示。最后得到的礼花效果如图7-94所示。

图7-93 多添加几次镜头效果光晕

图7-94 礼花效果

提示：在【视频后期处理】窗口中所添加的同一层级的各个事件在渲染时依次由上到下执行。如果添加了多个过滤事件，只选择最上层的进行设置，那么在预览效果中就只能看到该层事件的效果。

步骤 13 单击【添加图像输出事件】按钮 ，在弹出的对话框中设置文件的输出格式和名称，如图7-95所示。单击【执行序列】按钮 ，在弹出的对话框中设置礼花输出的大小尺寸参数，如图7-96所示。

图7-95 添加场景输出事件

图7-96 设置礼花输出的大小尺寸参数

步骤 14 单击【渲染】按钮，渲染输出动画。当渲染到第40帧时，画面效果如图7-97所示。当渲染到第80帧时，效果如图7-98所示。

3ds Max 动画制作实例精讲教程

图7-97 渲染第40帧的效果

图7-98 渲染第80帧的效果

实例58 使用粒子云制作火山喷发动画

本例将讲解使用粒子云、超级喷射、重力和镜头效果相结合，模拟制作火山喷发动画效果的方法，其中详细讲解了粒子的使用和视频后期合成的方法。

学习目标

掌握粒子云的参数设置方法

掌握超级喷射的设置方法

掌握火焰和烟雾材质的设置方法

掌握使用【视频后期处理】窗口为图像添加镜头效果的方法

制作过程

资源路径：案例文件\Chapter 7\原始文件\制作火山喷发动画\制作火山喷发动画.max

案例文件\Chapter 7\最终文件\制作火山喷发动画\制作火山喷发动画.max

步骤1 在讲解制作火山喷发动画的方法之前，先打开火山喷发的最终效果预览一下，如图7-99所示。从本书配套资源中打开场景的原始文件，如图7-100所示。

图7-99 火山喷发最终效果

图7-100 打开场景原始文件

步骤2 在【粒子系统】对象面板中，单击【粒子云】按钮，在视图中创建一个粒子云对象，它的位置关系如图7-101所示。在其参数卷展栏中设置【粒子生成】卷展栏中的粒子参数，将【粒子数量】的【使用速率】设置为30，【粒子运动】的【速度】设置为20，如图7-102所示。

第 7 章 粒子特效动画

图7-101 创建粒子云发射器

图7-102 设置粒子生成参数

步骤 3 在【粒子计时】和【粒子大小】选项组中设置粒子的时间和大小参数，将【发射开始】设置为-100，【发射停止】和【显示时限】设置为100，寿命设置为70；【大小】设置为20，【变化】设置为50，如图7-103所示。在【粒子类型】卷展栏中设置粒子类型，选择【球体】单选按钮。单击工具栏中的【选择并均匀缩放】按钮 ，将粒子云对象缩放，如图7-104所示。

提示：选择【实例几何体】类型生成粒子，这些粒子可以是对象、对象链接层次或组的实例。对象在【粒子类型】卷展栏的【实例参数】选项组中处于选定状态。

图7-103 设置粒子时间和大小

图7-104 设置粒子类型

步骤 4 单击【粒子云】按钮，在视图中再创建一个粒子云对象，在其参数卷展栏中设置【粒子生成】卷展栏中的粒子参数，将【粒子数量】的【使用速率】设置为30，【粒子运动】的【速度】设置为50，如图7-105所示。在【粒子计时】和【粒子大小】选项组中设置粒子的时间和大小参数，将【发射开始】设置为-100，【发射停止】和【显示时限】设置为100，寿命设置为40；【大小】设置为10，【变化】设置为50，如图7-106所示。

步骤 5 在【粒子类型】卷展栏中设置粒子类型，选择【球体】单选按钮，如图7-107所示。单击工具栏中的【选择并均匀缩放】按钮 ，将粒子云对象缩放，并调整其位置，如图7-108所示。

步骤 6 在【空间扭曲】对象面板中，单击【重力】按钮，创建一个重力对象，切换至【修改】面板，将其【强度】设置为0.07，如图7-109所示。单击【绑定到空间扭曲】按钮 ，将创建的第二个粒子云对象绑定到重力对象上，如图7-110所示。

图7-105 创建第2个粒子云

图7-106 设置粒子时间

图7-107 设置粒子类型

图7-108 缩放并调整粒子云对象

图7-109 创建重力对象

图7-110 绑定粒子云对象

提示：增加【强度】会增加重力的效果，即对象的移动与重力图标方向箭头的相关程度。小于0的强度会创建负向重力，该重力会排斥以相同方向移动的粒子，并吸引以相反方向移动的粒子。设置【强度】为0时，【重力】空间扭曲没有任何效果。

步骤7 按M键打开【材质编辑器】对话框，选择一个已经制作好的火焰材质，如图7-111所示。将它应用给第1个粒子云对象。按F9键快速渲染粒子材质，效果如图7-112所示。

图7-111 选择材质

图7-112 应用给第1个粒子云对象

步骤8 在【材质编辑器】对话框中选择另一个火焰材质，如图7-113所示。将它应用给第2个粒子云对象，按F9键快速渲染材质，效果如图7-114所示。

图7-113 选择另一个材质

图7-114 应用给第2个粒子云对象

步骤9 在【粒子系统】对象面板中，单击【超级喷射】按钮，在场景中创建一个超级喷射粒子对象，如图7-115所示。在【基本参数】卷展栏中设置超级喷射的基本参数，将【扩散】分别设置为80和90，【视口显示】选择为【网格】，如图7-116所示。

图7-115 创建超级喷射粒子对象

图7-116 设置粒子基本参数

步骤10 在【粒子生成】卷展栏中，将【粒子数量】选择为【使用总数】并设置为50；在【粒子运动】中，将【速度】设置为5，【变化】设置为30；在【粒子计时】中，将【发射开始】设置为-100，【发射停止】和【显示时限】设置为100，寿命设置为70，【大小】设置为1，【变化】设置为50；在【粒子类型】卷展栏中，将【标准粒子】选择为【面】，如图7-117所示。在【粒子繁殖】卷展栏中，选择【繁殖拖尾】，并将【影响】设置为80，【倍增】设置为8，如图7-118所示。

图7-117 设置粒子参数

图7-118 设置粒子繁殖参数

步骤 11 将【方向混乱】的【混乱度】设置为3；勾选【继承父粒子速度】复选框，如图7-119所示。单击【绑定到空间扭曲】按钮 ≈，将超级喷射绑定到重力对象上，如图7-120所示。

图7-119 设置粒子混乱参数

图7-120 将超级喷射绑定到重力对象上

步骤 12 按住Shift键将超级喷射粒子复制两个，并在其中两个超级喷射粒子对象的【粒子生成】卷展栏中，将【粒子大小】分别设置为5和3，如图7-121所示。将超级喷射粒子调整到适当位置，如图7-122所示。

图7-121 复制超级喷射粒子

图7-122 调整超级喷射粒子的位置

步骤 13 选中创建超级喷射粒子，按M键打开【材质编辑器】对话框，选择已制作好的烟雾材质，如图7-123所示。将它应用给超级喷射粒子，用于模拟烟雾部分，如图7-124所示。

步骤 14 单击【超级喷射】按钮，在场景中再创建一个超级喷射粒子，如图7-125所示。在【基本参数】卷展栏中设置基本参数，将【扩散】分别设置为40和90，【视口显示】选择为【圆点】，如图7-126所示。

图7-123 选择烟雾材质

图7-124 应用给超级喷射

图7-125 重新创建一个超级喷射

图7-126 设置粒子基本参数

步骤 15 在【粒子生成】卷展栏中设置粒子生成参数，将【使用速率】设置为50，【速度】设置为10；在【粒子计时】中，将【发射开始】设置为-100，【发射停止】和【显示时限】设置为100，寿命设置为500，如图7-127所示。在【粒子大小】选项组中设置粒子的大小参数，将【大小】设置为30，【变化】设置为15；在【粒子类型】卷展栏中，将【标准粒子】选择为【面】，如图7-128所示。

图7-127 设置粒子时间

图7-128 设置粒子大小和类型

步骤 16 展开【旋转和碰撞】卷展栏，设置超级喷射粒子的旋转和碰撞参数，将【变化】设置为10，如图7-129所示。在【空间扭曲】对象面板中，单击【风】按钮，在场景中创建一个风对象，并调整其旋转角度，如图7-130所示。

步骤 17 选择风对象，在其参数卷展栏中设置风参数，将【强度】设置为0.07，如图7-131所示。单击【绑定到空间扭曲】按钮，将最后创建的超级喷射对象绑定到风对象上，如图7-132所示。

图7-129 设置旋转和碰撞参数

图7-130 创建风对象

图7-131 设置风参数

图7-132 绑定到风对象上

步骤 18 选中创建超级喷射粒子，按M键打开【材质编辑器】窗口，选择已制作好的烟雾材质，如图7-133所示。将它应用给新创建的超级喷射粒子，用于模拟烟雾部分，如图7-134所示。

图7-133 选择烟雾材质

图7-134 应用给超级喷射

步骤 19 选择场景中的粒子云对象并右击，在弹出的快捷菜单中选择【对象属性】命令，弹出【对象属性】对话框，设置粒子云的【对象ID】为1，如图7-135所示。执行【渲染】|【视频后期处理】命令，打开【视频后期处理】窗口，单击【添加场景事件】按钮 ，将【Camera01】视图添加进来，如图7-136所示。

提示：【对象ID】用于将对象标记为基于G缓冲区通道的渲染效果的目标。为对象指定非零ID将创建可以与渲染效果相关联的G缓冲区通道。

步骤 20 单击【添加图像过滤事件】按钮 ，在弹出的对话框中选择添加【镜头效果光晕】效果，如图7-137所示。单击【设置】按钮，弹出镜头效果光晕对话框，在【属性】选项卡中设置参数，勾选【效果ID】复选框，如图7-138所示。

图7-135 设置粒子的对象ID

图7-136 添加场景事件

图7-137 添加镜头效果光晕

图7-138 设置属性参数

步骤 21 切换到【首选项】选项卡中，设置镜头效果光晕的参数，将【大小】设置为1，【强度】设置为20，如图7-139所示。在预览窗口中可以预览场景的镜头效果，如图7-140所示。然后单击【确定】按钮即可。

图7-139 设置首选项参数

图7-140 镜头效果

步骤 22 单击【添加图像输出事件】按钮，在弹出的对话框中设置文件的输出格式和名称，然后单击【执行序列】按钮，弹出【执行视频后期处理】对话框，选择动画的渲染帧数和大小，如图7-141所示。然后单击【渲染】按钮，渲染场景，其中渲染某一帧时，画面效果如图7-142所示。

图7-141 执行序列   图7-142 渲染输出动画

实例 59　使用粒子云制作花瓣飘动动画

本例将讲解使用【粒子云】发射器拾取花瓣对象，模拟制作花瓣飘动动画效果的方法。

学习目标

掌握粒子云发射器的参数设置方法

制作过程

资源路径：案例文件\Chapter 7\原始文件\制作花瓣飘动动画\制作花瓣飘动动画.max

案例文件\Chapter 7\最终文件\制作花瓣飘动动画\制作花瓣飘动动画.max

步骤1 在讲解制作花瓣飘动动画的方法之前，先打开动画的最终效果预览一下，效果如图7-143所示。从本书配套资源中打开场景的原始文件，如图7-144所示。

图7-143 花瓣飘动动画效果   图7-144 打开场景原始文件

步骤2 执行【创建】|【几何体】|【粒子系统】|【粒子云】命令，在【顶】视图创建一个粒子云发射器，如图7-145所示。进入【修改】命令面板中，设置粒子云的基本参数，在【基本参数】卷展栏中，将【显示图标】的【半径/长度】设置为100，【宽度】设置为100，【高度】设置为6，如图7-146所示。

步骤3 展开【粒子生成】卷展栏，将【使用速率】设置为30；【速度】设置为0.5，【变化】设置为50；选中【方向向量】单选按钮，将【X】设置为80，【Y】设置为0，【Z】设置为30，如图7-147所示。在【粒子大小】选项组中，将【大小】设置为0.3，【变化】设置为50，如图7-148所示。

图7-145　创建粒子云

图7-146　设置粒子基本参数

图7-147　设置粒子生成参数

图7-148　设置粒子大小参数

步骤4 在【粒子类型】卷展栏中选择【实例几何体】单选按钮，如图7-149所示。在【实例参数】选项组中单击【拾取对象】按钮，在场景中拾取花瓣对象，并单击【材质来源】按钮显示粒子的材质，如图7-150所示。

图7-149　选择粒子类型

图7-150　拾取花瓣对象

提示：【实例几何体】类型生成粒子，这些粒子可以是对象、对象链接层次或组的实例。对象在【粒子类型】卷展栏的【实例参数】选项组中处于选定状态。如果希望粒子成为场景中另一个对象的相同实例，则选择【实例几何体】单选按钮。实例几何体粒子对创建人群、畜群或非常细致的对象的对象流非常有效。

步骤5 选中花瓣对象，右击，在弹出的快捷菜单中选择【隐藏选定对象】命令，如图7-151所示。然后在【透视】视图中调整视野的角度位置，如图7-152所示。

步骤6 按F9键快速渲染一次粒子，效果如图7-153所示。单击【渲染设置】按钮 ，设置动画的渲染输出参数，其中某一帧时的画面效果如图7-154所示。

图7-151 选择【隐藏选定对象】命令

图7-152 调整视野的角度位置

图7-153 渲染粒子效果

图7-154 渲染输出动画

实例 60 使用超级喷射粒子制作萤火虫动画

本例将讲解使用超级喷射粒子与路径约束结合，模拟制作萤火虫动画的方法，在制作特效时使用了【执行视频后期处理】对话框。

学习目标

掌握超级喷射粒子的参数设置方法

巩固掌握路径约束的使用方法

掌握【执行视频后期处理】对话框的使用方法

制作过程

资源路径：案例文件\Chapter 7\原始文件\制作萤火虫动画\制作萤火虫动画.max

案例文件\Chapter 7\最终文件\制作萤火虫动画\制作萤火虫动画.max

步骤 1 在讲解使用超级喷射粒子对象模拟萤火虫动画的方法之前，先打开动画的最终效果预览一下，如图7-155所示。从本书配套资源中打开场景的原始文件，如图7-156所示。

步骤 2 在【粒子系统】对象面板中，单击【超级喷射】按钮，创建一个超级喷射粒子对象，然后调整其位置，如图7-157所示。在【修改】命令面板中展开【基本参数】卷展栏，设置超级喷射粒子的参数，将【扩散】分别设置为20和90，【视口显示】选择为【圆点】，如图7-158所示。

图7-155 萤火虫动画效果

图7-156 打开场景原始文件

图7-157 创建超级喷射

图7-158 设置基本参数

步骤3 在【粒子生成】卷展栏中设置粒子参数，将【使用速率】设置为10，【速度】设置为1，【变化】设置为50，【发射停止】设置为100，如图7-159所示。在【粒子大小】选项组中设置超级喷射粒子的大小，将【大小】设置为0.5；在【粒子类型】卷展栏中设置粒子类型，将【标准粒子】选择为【球体】，如图7-160所示。

提示：【使用速率】参数用于指定每帧发射的固定粒子数。使用微调器可以设置每帧产生的粒子数。【使用速率】参数最适合连续的粒子流源，如精灵粉轨迹，而【使用总数】参数比较适合短期内突发的粒子。

步骤4 在【创建】|【图形】对象面板中，单击【弧】按钮，在【前】视图中绘制一条弧形样条线作为超级喷射粒子的运动路径，如图7-161所示。选择超级喷射粒子对象，在主菜单栏中选择【动画】|【约束】|【路径约束】命令，在视图中拾取弧形样条线，如图7-162所示。

图7-159 设置粒子参数

图7-160 设置粒子类型

3ds Max 动画制作实例精讲教程

图7-161 绘制弧线路径

图7-162 添加路径约束

步骤 5 将时间滑块拖动到第0帧处，在【前】视图中将超级喷射粒子对象移动到路径底部，然后单击【选择并旋转】按钮 ⟳，调整超级喷射粒子对象的方向，如图7-163所示。单击【自动关键点】按钮，将时间滑块拖动到第100帧处，将超级喷射粒子对象移动到路径顶部，然后单击【选择并旋转】按钮 ⟳，调整超级喷射粒子对象的方向，最后单击【自动关键点】按钮，如图7-164所示。

图7-163 调整超级喷射粒子对象的方向

图7-164 再次调整超级喷射粒子的方向

步骤 6 在视图中拖动时间滑块可以预览超级喷射粒子的运动效果，如图7-165所示。选中超级喷射粒子，按M键快速打开【材质编辑器】对话框，选择一个设置好的标准材质球，将此材质应用给超级喷射粒子对象，如图7-166所示。

图7-165 超级喷射粒子运动效果

图7-166 设置材质基本参数

步骤7 单击【材质ID通道】按钮 □，将材质ID设置为1，如图7-167所示。执行【渲染】|【视频后期处理】命令，打开【执行视频后期处理】对话框，单击【添加场景事件】按钮 ☒，将摄影机视图添加进来，如图7-168所示。

图7-167 设置材质ID

图7-168 添加场景事件

步骤8 单击【添加图像过滤事件】按钮 ☒，在弹出的对话框中选择添加【镜头效果光晕】效果，如图7-169所示。单击【设置】按钮，打开镜头效果光晕参数面板，设置【属性】选项卡中的参数，勾选【效果ID】复选框，如图7-170所示。

图7-169 添加镜头光晕效果

图7-170 设置镜头效果的属性参数

步骤9 切换到【首选项】选项卡，设置镜头效果光晕的参数，将【大小】设置为2.5，【颜色】选择为【用户】，将颜色设置为橙色，并将【强度】设置为80，如图7-171所示。再次单击【添加图像过滤事件】按钮 ☒，添加一个【镜头效果高光】效果，如图7-172所示。

图7-171 设置首选项参数

图7-172 添加镜头高光效果

步骤10 单击【设置】按钮，打开镜头效果高光的参数面板，设置【几何体】选项卡的参数，将【角度】设置为30，【钳位】设置为4，并单击【大小】按钮，如图7-173所示。单击

【添加图像输出事件】按钮![icon]，在弹出的对话框中设置文件的输出格式和名称，然后单击【执行序列】按钮![icon]，在弹出的对话框中设置萤火虫输出的大小尺寸参数，如图7-174所示。

图7-173　设置镜头高光参数　　　　　　　　图7-174　设置序列参数

提示：【几何体】选项卡可用于设置高光初始旋转，以及如何随时间影响元素。【几何体】选项卡中包括3个区域：【效果】、【变化】和【旋转】。【角度】参数用于控制动画过程中高光点的角度。

步骤 11 设置完毕后单击【渲染】按钮，渲染输出动画。当画面渲染到第25帧时，效果如图7-175所示。当动画渲染到第60帧时，画面效果如图7-176所示。

图7-175　渲染第25帧的效果　　　　　　　　图7-176　渲染第60帧的效果

实例61　使用粒子流源制作水花动画

粒子流源是一种多功能且强大的 3ds Max 粒子系统，它使用一种称为粒子视图的特殊对话框来使用事件驱动模型。在粒子视图中，可将一定时间内粒子属性（如形状、速度、方向和旋转等）的单独操作合并到事件组中。每个操作符都提供一组参数，其中多数参数可以设置动画，以更改事件期间的粒子行为。

学习目标

掌握粒子流源的操作符添加方法
掌握在粒子视图中设置动画参数的方法

制作过程

资源路径：案例文件\Chapter 7\原始文件\制作水花动画\制作水花动画.max
　　　　　案例文件\Chapter 7\最终文件\制作水花动画\制作水花动画.max

步骤 1 在讲解使用【粒子流源】发射器模拟制作下雨溅起的水花效果之前，先打开本例的最终文件预览一下，如图7-177所示。从本书配套资源中打开场景的原始文件，如图7-178所示。

图7-177 水花动画效果

图7-178 打开场景原始文件

步骤 2 执行【创建】|【几何体】|【粒子系统】|【粒子流源】命令，在【顶】视图中创建一个粒子流源发射器，如图7-179所示。在【修改】命令面板中单击【粒子视图】按钮，打开【粒子视图】窗口，如图7-180所示。

图7-179 创建粒子流源

图7-180 打开【粒子视图】窗口

步骤 3 在粒子视图中添加【位置对象】操作符到【事件001】中，并单击【添加】按钮，拾取【Plane01】平面对象，如图7-181所示。在【事件001】中选择【出生】操作符，设置其参数，将【发射停止】设置为200，选中【速率】单选按钮，并将其设置为1200，如图7-182所示。

图7-181 添加位置对象操作符

图7-182 设置【出生】参数

提示：【发射开始】和【发射停止】值与系统帧速率相关。如果更改帧速率，【粒子流源】将自动调整相应的发射值。

步骤4 在【事件001】中选择【速度】操作符并设置它的参数，将【速度】设置为0.1m并勾选【反转】复选框，如图7-183所示。在仓库中选择【发送出去】操作符，添加到【事件001】中，如图7-184所示。

图7-183 设置速度参数

图7-184 添加【发送出去】操作符

步骤5 在【事件001】中，将【位置图标】、【旋转】和【形状】操作符删除，在【粒子视图】中添加一个【位置对象】操作符，在其参数卷展栏中单击【添加】按钮，添加地面上的茶壶对象，如图7-185所示。继续在【事件002】显示窗口中分别创建【出生】和【发送出去】操作符，选择【出生】操作符并设置它的参数，将【发射停止】设置为200，选中【速率】单选按钮并将其设置为150，如图7-186所示。

步骤6 在【事件002】中添加【速度按曲面】操作符并设置其参数，将【速度】设置为0.1m，【变化】设置为0.05m，然后单击【添加】按钮，拾取茶壶对象，如图7-187所示。单击【粒子流源】按钮，在【前】视图中创建一个粒子流源发射器，如图7-188所示。

图7-185 拾取茶壶对象

图7-186 创建新事件

图7-187 添加新的操作符

图7-188 创建粒子流源发射器

步骤 7 执行【创建】|【几何体】|【标准基本体】|【长方体】命令，在【顶】视图中创建一个长方体对象并调整其位置，如图7-189所示。在【空间扭曲】对象面板中，单击【重力】按钮，在【顶】视图中创建一个重力对象，然后切换至【修改】面板，将【强度】设置为0.3，如图7-190所示。

图7-189 创建长方体对象

图7-190 添加设置重力参数

步骤 8 打开【粒子视图】窗口，选中【事件003】中的【出生】操作符，设置其参数。将【发射开始】设置为-35，【发射停止】设置为200，选中【速率】单选按钮并将其设置为1500，如图7-191所示。在【事件003】中添加【位置对象】操作符，然后单击【添加】按钮，拾取长方体对象，如图7-192所示。

图7-191 设置【出生】操作符

图7-192 设置【位置对象】操作符

步骤 9 在【事件003】中选择【旋转】操作符，将【方向矩阵】设置为【速度空间】，将【X】设置为90，如图7-193所示。选择【力】操作符，将其拖动到【事件003】中的【旋转】操作符的下

3ds Max 动画制作实例精讲教程

面，并在它的参数卷展栏中单击【添加】按钮，添加场景中的重力对象，如图7-194所示。

提示：【散度】参数用于定义粒子方向的变化范围（以度为单位）。实际偏离是在此范围内随机计算得出的。不能与【随机3D】或【速度空间跟随】选项共同使用。默认设置是0。

图7-193 设置【旋转】操作符

图7-194 设置【力】操作符

步骤 10 选择【事件003】中的【形状】操作符，将【3D】设置为【四面体】，如图7-195所示。在【事件003】中，添加【缩放】操作符并设置其参数，取消勾选【限定比例】复选框，将【X】设置为3，【Y】设置为200，【Z】设置为3，如图7-196所示。

图7-195 设置【形状】操作符

图7-196 设置【缩放】操作符

步骤 11 在【事件003】中，添加【删除】操作符并设置其参数。选中【按粒子年龄】单选按钮，将【寿命】设置为40，【变化】设置为0，如图7-197所示。继续添加【材质静态】操作符，并添加【RainDrops】材质，如图7-198所示。

图7-197 设置【删除】操作符

图7-198 设置【材质静态】操作符

第 7 章 粒子特效动画

步骤 12 将【事件003】中的【位置图标】和【速度】操作符删除。选中【显示】操作符，将其【类型】设置为【边界框】，如图7-199所示。在【粒子视图】中，添加【繁殖】操作符并设置其参数，勾选【删除父粒子】复选框，【子孙数】设置为50，【变化%】设置为30；在【速度】属性中，选择【使用单位】并设置为1.004m，【散度】设置为51.5，如图7-200所示。

图7-199 设置【显示】操作符

图7-200 设置【繁殖】操作符

步骤 13 在【粒子视图】中添加【图形朝向】操作符并设置其参数，在【注视摄影机/对象】中添加【Camera01】摄影机对象，如图7-1201所示。在【事件005】中添加【材质静态】操作符，添加【RainSplashes】材质，如图7-202所示。

图7-201 设置【图形朝向】操作符

图7-202 设置【材质静态】操作符

步骤 14 在【事件005】中添加【删除】操作符并设置其参数，选中【按粒子年龄】单选按钮，将【寿命】设置为5，【变化】设置为3，如图7-203所示。在【事件005】中添加【力】操作符，单击【添加】按钮，添加场景中的重力对象，如图7-204所示。

图7-203 设置【删除】操作符

图7-204 设置【力】操作符

步骤 15 选中【事件005】中的【显示】操作符，将其【类型】设置为【点】，如图7-205所示。选中【粒子流源001】，将【粒子数量】中的【上限】设置为600000，如图7-206所示。

图7-205 设置【显示】操作符

图7-206 设置【粒子流源源001】参数

步骤 16 在【粒子视图】窗口中将所有的事件串联起来，如图7-207所示。关闭【粒子视图】对话框，返回到视图中预览粒子效果，如图7-208所示。

图7-207 将所有的事件串联起来

图7-208 预览粒子效果

步骤 17 将文件设置好保存参数后，打开【渲染设置】对话框，设置渲染输出参数。当动画渲染到第0帧时，效果如图7-209所示。当动画渲染到第100帧时，效果如图7-210所示。

图7-209 渲染第0帧的效果

图7-210 渲染第100帧的效果

实例62 使用超级喷射粒子制作火焰动画

本例将讲解使用超级喷射粒子发射器模拟制作游戏中火焰特效的方法，主要是使用火焰贴图应用给超级喷射粒子，再渲染出火焰效果。

学习目标

掌握超级喷射粒子参数的设置方法

掌握选择并链接工具的使用方法

制作过程

资源路径：案例文件\Chapter 7\原始文件\制作火焰动画\制作火焰动画.max

案例文件\Chapter 7\最终文件\制作火焰动画\制作火焰动画.max

■ 步骤1 在讲解使用超级喷射粒子发射器模拟制作火焰动画效果的方法之前，先打开动画的最终效果预览一下，如图7-211所示。从本书配套资源中打开场景原始文件，如图7-212所示。

图7-211 火焰动画效果

图7-212 打开原始场景文件

■ 步骤2 在视图中拖动时间滑块可以预览角色的喷火动作，效果如图7-213所示。在【粒子系统】对象面板中，单击【超级喷射】按钮，在场景中创建一个超级喷射粒子对象，调整其位置和旋转角度，并将其放在角色的头部位置上，如图7-214所示。

图7-213 预览角色动作效果

图7-214 创建超级喷射粒子

■ 步骤3 选择超级喷射粒子发射器，进入【修改】命令面板，展开【基本参数】卷展栏，设置超级喷射粒子的基本参数，将【扩散】分别设置为29和62；【视口显示】选择为【网格】；【粒子数百分比】设置为21，如图7-215所示。展开【粒子生成】卷展栏，设置粒子的数量和时间参数，将【使用速率】设置为20，【速度】设置为50，【变化】设置为1.05，【发射开始】设置为24，【发射停止】设置为132，【显示时限】设置为109，【寿命】设置为30，【变化】设置为10，如图7-216所示。

图7-215 设置基本参数

图7-216 设置粒子生成参数

步骤4 在【粒子大小】选项组中设置粒子的大小，将【大小】设置为62，【变化】设置为0，【增长耗时】设置为3，【衰减耗时】设置为0；在【粒子类型】卷展栏中选择粒子类型，将【标准粒子】选择为【面】，如图7-217所示。展开【旋转和碰撞】卷展栏，设置粒子的旋转和碰撞参数，将【自旋时间】设置为5，【变化】设置为0，【相位】设置为0.6，【变化】设置为7.5；【自旋轴控制】选择为【运动方向/运动模糊】，并将【拉伸】设置为55，如图7-218所示。

图7-217 设置粒子类型

图7-218 设置旋转和碰撞

提示：【运动方向/运动模糊】用于控制围绕由粒子移动方向形成的向量旋转粒子。利用此单选按钮还可以使用【拉伸】微调器对粒子应用一种运动模糊。

步骤5 在【右】视图中，右击并在弹出的快捷菜单中选择【全部取消隐藏】命令，显示【骨骼】对象，如图7-219所示。选择超级喷射粒子对象，单击【选择并链接】按钮🔗，将粒子链接到【骨骼】对象上，此时粒子将随着角色一起运动，如图7-220所示。

图7-219 显示【骨骼】对象

图7-220 链接到【骨骼】对象上

步骤 6 选中超级喷射粒子发射器，按M键打开【材质编辑器】窗口，选择设置完成的火焰材质效果材质球，如图7-221所示。单击【将材质指定给选定对象】按钮，将火焰材质应用给超级喷射粒子对象，如图7-222所示。

图7-221 火焰材质效果

图7-222 将材质应用给粒子对象

步骤 7 在视图中预览到的火焰效果如图7-223所示。按F9键快速渲染一次火焰材质，效果如图7-224所示。

图7-223 预览火焰效果

图7-224 渲染材质效果

步骤 8 按F10键打开【渲染设置】对话框，设置动画的渲染输出参数。当动画渲染到第34帧时，画面效果如图7-225所示。当动画渲染到第100帧时，画面效果如图7-226所示。

图7-225 渲染第34帧的效果

图7-226 渲染第100帧的效果

第 8 章

大气特效与后期制作

在【环境和效果】对话框中可以为背景添加贴图或三维纹理贴图，还可以在该窗口中为场景添加雾效果、体积光效果、镜头效果或运动模糊等其他一些特殊效果。这些效果与【视频后期处理】对话框中的效果不同。本章主要介绍大气效果和【视频后期处理】对话框中的效果，利用这些效果来为场景对象制作后期特效。

实例 63　使用火效果制作火焰动画

火是生活中常见的一种自然效果，3ds Max提供了火效果类型来模拟这种特效。和体积光需要借助灯光一样，火特效需要借助大气装置才能产生效果。下面讲解使用火特效来设置火焰燃烧动画。

学习目标

掌握球体虚拟辅助对象的创建

掌握火（Fire）特效的动画参数设置方法

制作过程

资源路径：案例文件\Chapter 8\原始文件\制作火焰动画\制作火焰动画.max

案例文件\Chapter 8\最终文件\制作火焰动画\制作火焰动画.max

■■ 步骤 1 从本书配套资源中打开火焰动画的最终效果预览一下，如图8-1所示。从本书配套资源中打开原始场景文件，如图8-2所示。

图8-1 火焰动画最终效果

图8-2 打开原始场景文件

■■ 步骤 2 选择【创建】|【辅助】|【大气装置】命令，如图8-3所示。单击【球体Gizmo】按钮，创建一个球体辅助对象，如图8-4所示。

图8-3 选择大气装置

图8-4 创建球体辅助对象

■■ 步骤 3 在工具栏中单击【选择并均匀缩放】按钮 🔲，将球体大气装置对象的形状进行调整，如图8-5所示。在【修改】命令面板中展开【大气和效果】卷展栏，单击【添加】按钮，在弹出的对话框中选择添加的【火效果】效果，如图8-6所示。

3ds Max 动画制作实例精讲教程

图8-5 调整球体大气装置

图8-6 添加【火效果】

提示：为大气装置对象添加大气效果的方法有两种，一种是直接在大气装置的【大气和效果】卷展栏单击【添加】按钮，选择添加大气或环境效果。另一种是打开【环境和效果】对话框，在【大气】卷展栏中添加大气效果，然后单击【拾取 Gizmo】按钮拾取大气装置。

步骤 4 选择【火效果】，单击【大气和效果】下的【设置】按钮，打开【环境和效果】对话框，在【火效果参数】卷展栏中可以设置火焰参数，如图8-7所示。按N键开启动画记录模式，在第0帧处设置火焰参数，【火焰类型】设置为火舌，【拉伸】设置为2，如图8-8所示。

图8-7 设置火焰参数

图8-8 设置第0帧的火焰参数

步骤 5 在视图中按F9键快速渲染一次火焰，得到的效果如图8-9所示。将时间滑块移至第100帧处，设置火焰参数，将【拉伸】设置为2.5，【规则性】设置为0.3；【相位】设置为0.5，【漂移】设置为0.3，如图8-10所示。

图8-9 快速渲染火焰效果

图8-10 设置第100帧的火焰参数

第 8 章 大气特效与后期制作

步骤6 在视图中按F9键快速渲染一次场景，得到的火焰效果如图8-11所示。打开【渲染设置】对话框，设置动画的渲染参数，渲染输出动画，其中某一帧的画面效果如图8-12所示。

图8-11 快速渲染火焰效果

图8-12 某一帧的画面效果

实例64 使用体积雾效果制作白云飘飘动画

雾有3种定义，大气中悬浮的水汽凝结、接近地面的云或者是悬浮在大气中的微小液滴所构成的气溶胶。3ds Max提供了雾和体积雾两种效果，雾可以给场景添加整体的雾效果，而体积雾可以通过借助大气装置在场景中指定的位置添加局部的雾效果。本例将讲解使用体积雾效果来制作白云飘飘动画效果的方法。

学习目标

掌握体积雾动画参数的设置方法

制作过程

资源路径：案例文件\Chapter 8\最终文件\制作白云飘飘动画\制作白云飘飘动画.max

步骤1 在讲解制作白云飘飘动画的设置方法之前，先打开动画最终效果预览一下，如图8-13所示。新建场景，选择【创建】|【辅助对象】|【大气装置】命令，单击【长方体Gizmo】按钮，创建两个大小不同的长方体大气装置对象，如图8-14所示。

图8-13 白云飘飘最终效果

图8-14 创建长方体大气装置

步骤 2 按8键快速打开【环境和效果】对话框，如图8-15所示，在【背景】选项组中单击贴图按钮，从配套资源中选择一个天空背景，按M键打开【材质编辑器】对话框，将背景图片拖动到一个标准材质球中，将【坐标】展卷栏下的【贴图】设置为屏幕。关闭【材质编辑器】对话框，在【环境和效果】对话框的【大气】卷展栏中单击【添加】按钮，在弹出的对话框中选择添加的【体积雾】效果，如图8-16所示。

图8-15 【环境和效果】对话框　　　　　　　图8-16 添加【体积雾】效果

提示：【体积雾】效果与【雾】效果的使用方法相同，它们的区别在于【体积雾】能通过大气装置为场景添加局部的雾，而【雾】效果只能为场景添加整体的雾效果。

步骤 3 在【体积雾参数】的【Gizmos】选项组中单击【拾取 Gizmo】按钮拾取【BoxGizmo001】对象，并设置【密度】参数为【80】，如图8-17所示。按F9键快速渲染一次场景中的体积雾效果，如图8-18所示。

图8-17 设置体积雾参数

图8-18 渲染体积雾效果

步骤 4 按N键打开动画记录模式，在第0帧处设置体积雾参数，将【类型】选择为分形；【高】设置为1，【级别】设置为6，【低】设置为0.2，【大小】设置为100，【均匀性】设置为0.3，【相位】设置为-0.6，如图8-19所示。按F9键渲染体积雾效果如图8-20所示。

图8-19 设置第0帧的体积雾参数

图8-20 渲染体积雾效果

步骤 5 将时间滑块移至第100帧处，将【相位】设置为1，如图8-21所示，此时渲染天空中的体积雾效果如图8-22所示。

图8-21 设置第100帧的体积雾参数

图8-22 渲染体积雾效果

步骤 6 单击【添加】按钮，再添加一个【体积雾】效果，如图8-23所示，并单击【拾取Gizmo】按钮，拾取【Box Gizmo002】对象。在第0帧处设置体积雾参数，如图8-24所示。

图8-23 再添加一个【体积雾】效果

图8-24 设置体积雾参数

提示：在【类型】选项后面提供了规则、分形和湍流3种噪波类型。【噪波阈值】参数用于限制噪波的效果，【风力强度】参数用于控制烟雾远离风向（相对于相位）的速度。

步骤 7 按F9键快速渲染一次场景，得到的白云效果如图8-25所示。将时间滑块移至第100帧处，将【类型】选择为【分形】，设置【相位】参数为0.3，如图8-26所示。

图8-25 渲染白云效果

图8-26 设置第100帧的体积雾参数

步骤 8 在视图中按F9键快速渲染一次，得到白云效果，如图8-27所示。调整视图角度，按F10键打开【渲染设置】对话框，设置动画的渲染输出参数，单击【渲染】按钮，渲染输出动画。当动画渲染到第50帧时，效果如图8-28所示。

图8-27 快速渲染得到白云效果

图8-28 渲染到第50帧的效果

实例 65 使用体积光效果制作体积光动画

正常状态下的光线肉眼是看不到形状的，但是在一些特定的条件下，如夜晚打开手电筒，或者舞台上的射灯，这些光线是可以看到它们的体积的，上面两种类型的灯光都是人造体积光。体积光效果根据灯光与大气（雾、烟雾等）的相互作用提供灯光效果。下面将介绍使用体积光效果制作体积光动画的方法。

学习目标

掌握体积光的添加方法

掌握体积光动画参数的设置

制作过程

资源路径：案例文件\Chapter 8\原始文件\制作体积光动画\制作体积光动画.max

案例文件\Chapter 8\最终文件\制作体积光动画\制作体积光动画.max

步骤 1 在学习制作体积光动画的方法之前，先打开该动画的最终效果预览一下，如图8-29所示。从本书配套资源中打开原始场景文件，如图8-30所示。

图8-29 体积光动画最终效果

图8-30 原始场景文件

步骤 2 在还没有添加环境效果的情况下进行渲染，场景中只有普通灯光和材质的效果，如图8-31所示。按F8键打开【环境和效果】对话框，在【环境】选项卡中展开【大气】卷展栏，如图8-32所示。

图8-31 原始场景效果

图8-32 展开【大气】卷展栏

步骤 3 在【大气】卷展栏中单击【添加】按钮 添加... ，在弹出的对话框中选择【体积光】效果，如图8-33所示，给场景添加体积光。添加体积光效果后，进入下方的【体积光参数】卷展栏并设置参数，如图8-34所示。

图8-33 选择【体积光】效果

图8-34 设置体积光参数

步骤4 单击【拾取灯光】按钮 拾取灯光 ，在【顶】视图中拾取上方的【Spot03】灯光，如图8-35所示。拾取灯光后会在【灯光】选项组中出现该灯光的名称。拾取灯光后，对场景进行渲染，此时可以在左侧观察到非常弱的体积光效果，如图8-36所示，因为该盏灯光距离比较远，所以产生的体积光并不明显。

图8-35 拾取【Spot03】灯光

图8-36 体积光效果

步骤5 单击【拾取灯光】按钮，在【顶】视图中拾取另一盏平行光进行渲染，如图8-37所示，画面中出现了很明显的出窗外照射进来的体积光。在体积光的【体积】选项组中将【密度】参数设置为9，然后进行渲染，可以看到体积光变得更加浓重了，画面中的光柱显得非常醒目，如图8-38所示。

图8-37 拾取另一盏平行光

图8-38 设置密度参数效果

步骤6 将【雾颜色】设置为淡黄色，再次进行渲染，体积光的颜色变为了黄色，并且影响到了整个场景的色调，如图8-39所示。按N键打开动画记录模式，将时间滑块移至第100帧处，设置【均匀性】设置为0.2，【相位】参数为1，如图8-40所示。

图8-39 雾颜色效果

图8-40 设置第100帧的参数

提示：【大小】参数用于设置体积光噪波的大小尺寸，【相位】参数用于控制体积光的动画效果。

步骤 7 按F9键快速渲染一次场景，第100帧的体积光效果如图8-41所示。将体积光的参数设置完毕后，打开【渲染设置】对话框，设置动画的渲染输出，当渲染到第50帧时，效果如图8-42所示。

图8-41 渲染第100帧的效果

图8-42 渲染第50帧的效果

实例66　使用镜头效果光晕制作闪电特效

【镜头效果】是最常使用的一种事件，包含【镜头效果光晕】、【镜头效果高光】、【镜头效果光斑】和【镜头效果焦点】4种类型。本例讲解使用【镜头效果光晕】来模拟制作闪电效果的方法。

学习目标

掌握对象ID的设置方法

掌握【镜头效果光晕】参数的设置方法

制作过程

资源路径：案例文件\Chapter 8\最终文件\制作闪电效果\制作闪电效果.max

步骤 1 在讲解制作闪电效果的方法之前，先打开本例的最终文件预览一下，效果如图8-43所示。新建场景，从本书配套资源中打开一个天空的背景贴图文件，将其应用为场景的背景，如图8-44所示。

图8-43 闪电最终效果

图8-44 添加背景贴图后的效果

步骤 2 切换至【创建】|【图形】面板，在【对象类型】卷展栏中选择【线】对象，在【透视】视图中创建几条样条线图形，如图8-45所示，并调整至合适的位置。选择创建的全部样条线图形，右

3ds Max 动画制作实例精讲教程

击，在弹出的快捷菜单中选择【对象属性】命令，在弹出的【对象属性】对话框中将【对象ID】设置为1，如图8-46所示。

图8-45 创建样条线图形

图8-46 设置【对象ID】

步骤 3 在视图中继续创建几条二维样条线图形，如图8-47所示。将新创建的这几条二维样条线的【对象ID】设置为2，如图8-48所示。

图8-47 创建二维样条线

图8-48 设置【对象ID】

提示：在场景中将单位设置为【公制】|【毫米】。

步骤 4 选择场景中的样条线对象，在【修改】命令面板中勾选【在渲染中启用】和【在视口启用】复选框，然后将【厚度】设置为0.1mm，如图8-49所示。选择【渲染】|【视频后期处理】命令，打开【视频后期处理】对话框，单击【添加场景事件】按钮 ，在弹出的对话框中保持其默认设置，单击【确定】按钮，添加一个【透视】视图的场景事件，如图8-50所示。

图8-49 设置可渲染参数

图8-50 添加场景事件

步骤 5 单击【添加图像过滤器事件】按钮 ，在弹出的对话框中选择【镜头效果光晕】图像过滤事件，如图8-51所示。单击【设置】按钮，进入【镜头效果光晕】的设置面板，在【属性】选项卡中将【对象ID】设置为1，如图8-52所示。

图8-51 选择【镜头效果光晕】图像过滤事件

图8-52 设置【对象ID】

步骤6 切换到【首选项】选项卡，将颜色的类型设置为【渐变】，将【大小】设置为2，强【柔化】设置为10，如图8-53所示。设置完成后单击【确定】按钮，使用同样的方法再为其添加一个【镜头效果光晕】图像过滤事件，如图8-94所示。

图8-53 设置【首选项】参数

图8-54 添加【镜头效果光晕】图像过滤事件

步骤7 选择添加的【镜头效果光晕】图像过滤事件，在该事件的属性面板中将【对象ID】设置为2，如图8-55所示，使它对后来创建的样条线图形产生影响。使用同样的方法在【首选项】选项卡中将【颜色】类型设置为【渐变】，将【大小】设置为2，强【柔化】设置为10，如图8-56所示。

图8-55 设置【对象ID】

图8-56 设置【首选项】参数

步骤8 在【视频后期处理】对话框中单击【添加图像输出事件】按钮，弹出【添加图像输出事件】对话框，如图8-57所示，在该对话框中单击【文件】按钮，在弹出的对话框中为其指定一个正确的存储路径，如图8-58所示，并将其格式设置为JPEG格式。

图8-57 【添加图像输出事件】对话框

图8-58 指定存储路径

步骤 9 设置完毕后，在【视频后期处理】对话框中单击【执行序列】按钮 ✖，在弹出的【执行视频后期处理】对话框中设置序列参数，如图8-59所示。单击【渲染】按钮，渲染场景的闪电效果，如图8-60所示。

图8-59 设置序列参数

图8-60 渲染场景的闪电效果

实例67 使用镜头效果光斑和镜头效果制作太阳光特效

【镜头效果光斑】由【光晕】、【光环】、【自动二级光斑】、【手动二级光斑】、【射线】、【星形】、【条纹】和【噪波】8个元素组成。本例将讲解使用【镜头效果光斑】和【镜头效果】制作太阳光特效的方法。

学习目标

掌握如何添加并设置【镜头效果】的方法

掌握【镜头效果光斑】的添加方法

掌握【镜头效果光斑】参数的设置方法

制作过程

资源路径：案例文件\Chapter 8\最终文件\制作太阳光特效\制作太阳光特效.max

步骤 1 在讲解制作太阳光特效的方法之前，先打开本例的最终文件进行预览，效果如图8-61所示。新建场景，从本书配套资源中选择一个背景图像，作为视图背景贴图，如图8-62所示。

图8-61 太阳光特效最终效果

图8-62 添加背景贴图文件

步骤 2 选择【创建】|【摄影机】|【目标】命令，在【左】视图中创建摄影机，按C键将【透视】视图转换为摄影机视图，然后调整摄影机的位置，如图8-63所示。选择【创建】|【灯光】|【泛光】命令，在图像上创建一盏泛光灯，并调整其位置，如图8-64所示。

图8-63 调整摄影机的位置

图8-64 创建并调整泛光灯位置

步骤 3 确认灯光处于选中状态，切换至【修改】命令面板，在【大气和效果】卷展栏中单击【添加】按钮，在弹出的对话框中选择【镜头效果】选项，如图8-65所示。单击【确定】按钮后，添加【镜头效果】，单击【设置】按钮，在弹出的对话框中打开【镜头效果参数】卷展栏，分别将【光晕】、【自动二级光斑】、【射线】、【手动二级光斑】添加至右侧的列表框中，在右侧的列表框中选择【Ray】选项，在【射线元素】卷展栏中选择【参数】选项卡，将【大小】设置为10，如图8-66所示。

步骤 4 设置完成后，退出该对话框，按F9键渲染查看效果，如图8-67所示。在菜单栏中选择【渲染】|【视频后期处理】命令，如图8-68所示。

步骤 5 在弹出的对话框中单击【添加场景事件】按钮 ，在弹出的对话框中使用其默认的设置，单击【确定】按钮，添加一个场景事件，如图8-69所示。再在该对话框中单击【添加图像过滤事件】按钮，在弹出的对话框中选择过滤器列表中的【镜头效果光斑】选项，如图8-70所示。

图8-65 选择【镜头效果】选项

图8-66 设置镜头效果参数

图8-67 渲染查看效果

图8-68 选择【视频后期处理】命令

图8-69 添加场景事件

图8-70 选择【镜头效果光斑】选项

步骤6 单击【确定】按钮，在【视频后期处理】对话框中双击【镜头效果光斑】，再在弹出的对话框中单击【设置】按钮，打开【镜头效果光斑】对话框，在队列窗口中单击【VP队列】和【预览】按钮，显示场景图像效果，如图8-71所示。在【镜头光斑属性】选项组中单击【节点源】按钮，拾取场景中的泛光灯对象，如图8-72所示。

图8-71 显示场景图像效果

图8-72 拾取泛光灯对象

> 提示：单击【节点源】按钮，可以为镜头光斑效果选择源对象。镜头光斑源可以是场景中的任何对象，但通常为灯光，单击此按钮会弹出【选择光斑对象】对话框，必须选择光斑的源以退出对话框。

步骤 7 单击【确定】按钮，在【镜头光斑属性】选项组中将【强度】设置为10，在【首选项】选项卡中选择要启用的镜头光斑效果，如图8-73所示。设置完成后，单击【确定】按钮，在【视频后期处理】对话框中单击【执行序列】按钮 ✗，如图8-74所示。

图8-73 选择要启用的镜头光斑效果

图8-74 单击【执行序列】按钮

步骤 8 在弹出的【执行视频后期处理】对话框中选中【单个】单选按钮，如图8-75所示。单击【渲染】按钮渲染最终的镜头效果光斑，如图8-76所示。

图8-75 【执行视频后期处理】对话框

图8-76 最终镜头效果光斑

实例68 使用镜头效果光斑制作文字过光动画

本例将讲解使用【泛光灯】对象结合【镜头效果光斑】效果，来模拟制作影视片头中的文字过光动画的方法。

学习目标

掌握文字对象的创建方法

掌握文字材质的制作方法

掌握设置灯光动画的方法

掌握【镜头效果光斑】效果的使用方法

制作过程

资源路径：案例文件\Chapter 8\最终文件\制作文字过光动画\制作文字过光动画.max

■ 步骤 1 在讲解制作文字过光动画的设置方法之前，先打开场景的最终文件预览一下，效果如图8-77所示。下面就来介绍这个效果的制作方法。新建场景，在【图形】对象面板中，单击【文本】按钮，在【参数】卷展栏中将字体设置为【汉仪综艺体简】，将【字间距】设置为5，在【文本】文本框中输入【精益求精】，然后在【前】视图中单击鼠标左键，即可创建文字，如图8-78所示。

图8-77 文字过光动画最终效果

图8-78 创建文本对象

■ 步骤 2 选择输入的文字，切换到【修改】命令面板，在【修改器列表】中选择【倒角】修改器，在【倒角值】卷展栏中将【起始轮廓】设置为1，将【级别1】下的【高度】和【轮廓】设置为1、1.5，勾选【级别2】复选框，将【高度】设置为5，勾选【级别3】复选框，将【高度】和【轮廓】设置为1、-1.5，在【相交】卷展栏中勾选【避免线相交】复选框，如图8-79所示。按M键打开【材质编辑器】对话框，选择一个新的材质样本球，在【Blinn基本参数】卷展栏中将【环境光】和【漫反射】的RGB值分别设置为218、174、0，如图8-80所示。

■ 步骤 3 展开【贴图】卷展栏，将【反射】数量设置为80，并单击其后面的【无】按钮，在弹出的【材质/贴图浏览器】对话框中双击【位图】贴图，在弹出的对话框中选择贴图文件【Snap11.jpg】，单击【确定】按钮，如图8-81所示。单击【转到父对象】按钮和【将材质指定给选定对象】按钮，即可将材质指定给文字对象。单击【平面】按钮，在视图中创建平面对象，然后为创建的平面对象指定【无光/投影】材质，设置【无光/投影基本参数】，如图8-82所示。

提示：【反射】通道添加一张暖色调的图片，设置较高的反射参数，可以增强金属材质的质感。

■ 步骤 4 在【灯光】对象面板中，单击【目标聚光灯】按钮，在场景中创建一个目标聚光灯，如图8-83所示，并启用它的阴影效果。在【摄影机】对象面板中，单击【目标】按钮，在场景中创建摄影机，如图8-84所示，激活【透视】视图，按C键将其转换为摄影机视图，并在其他视图中调整其位置。

图8-79 设置【倒角】修改器参数

图8-80 设置材质基本参数

图8-81 添加反射贴图

图8-82 设置【无光/投影基本参数】

图8-83 创建目标聚光灯

图8-84 创建摄影机

步骤5 在【灯光】对象面板中，单击【泛光】按钮，在视图中创建一盏泛光灯对象，如图8-85所示，并在【前】视图中调整平面和泛光灯的位置。按N键开启动画记录模式，将时间滑块移至第100帧处，将泛光灯和平面对象同时向右移动一段距离，如图8-86所示。然后再次单击【自动关键点】按钮，关闭动画记录模式。

3ds Max 动画制作实例精讲教程

图8-85 创建泛光灯

图8-86 在第100帧处移动泛光灯和平面对象

第8章 大气特效与后期制作

步骤 6 选择平面对象并右击，在弹出的快捷菜单中选择【对象属性】命令，弹出【对象属性】对话框，取消勾选【接收阴影】和【投射阴影】复选框，单击【确定】按钮，如图8-87所示。从本书配套资源中打开一个背景贴图文件，如图8-88所示，将它应用为场景的背景。

图8-87 设置【对象属性】

图8-88 添加背景贴图

提示：取消勾选【接收阴影】和【投射阴影】复选框，在场景中的对象将不会产生阴影，也不会投射阴影。

步骤 7 在视图中按F9键快速渲染一次文字，效果如图8-89所示。在菜单栏中选择【渲染】|【视频后期处理】命令，打开【视频后期处理】对话框，单击【添加场景事件】按钮，在弹出的【添加场景事件】对话框中使用默认的摄影机视图，单击【确定】按钮，如图8-90所示。

图8-89 渲染视图效果

图8-90 使用默认的摄影机视图

步骤 8 返回到【视频后期处理】对话框，单击【添加图像过滤事件】按钮 ，在弹出的对话框中选择过滤器列表中的【镜头效果光斑】选项，单击【确定】按钮，如图8-91所示。在【视频后期处理】对话框的左侧列表中双击【镜头效果光斑】，在弹出的对话框中单击【设置】按钮，弹出【镜头效果光斑】对话框，单击【VP队列】和【预览】按钮，然后单击【节点源】按钮，在弹出的对话框中选择泛光灯对象，并单击【确定】按钮，如图8-92所示。

图8-91 选择【镜头效果光斑】选项

图8-92 拾取泛光灯

步骤 9 切换到【光晕】选项卡，设置光晕的【大小】为100，如图8-93所示。切换到【条纹】选项卡，设置条纹的【大小】为300，设置完成后，单击左下角的【确定】按钮，如图8-94所示。

图8-93 设置光晕参数

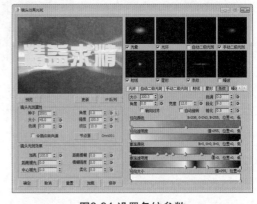

图8-94 设置条纹参数

步骤 10 单击【执行序列】按钮 ，弹出设置序列输出参数的对话框，设置参数如图8-95所示。将所有的参数都设置完毕后，单击【渲染】按钮渲染动画。当动画渲染到第45帧时的效果如图8-96所示。

图8-95 设置序列参数

图8-96 渲染到第45帧时的效果

步骤11 当渲染到第60帧时的效果如图8-97所示。当渲染到第100帧时的效果如图8-98所示。

图8-97 渲染到第60帧效果

图8-98 渲染到第100帧效果

实例 69 使用镜头效果光晕制作璀璨星空动画

本例将讲解使用【镜头效果光晕】来制作璀璨星空动画效果的操作方法。

学习目标

掌握【交叉衰减变换】效果的设置方法

制作过程

资源路径：案例文件\Chapter 8\原始文件\制作璀璨星空动画\制作璀璨星空动画.max

案例文件\Chapter 8\最终文件\制作璀璨星空动画\制作璀璨星空动画.max

步骤1 在讲解制作璀璨星空效果的方法之前，先打开本例的最终文件预览一下，效果如图8-99所示。从本书配套资源中打开原始场景文件，如图8-100所示。

图8-99 璀璨星空动画的最终效果

图8-100 打开场景文件

步骤2 选择【创建】|【几何体】|【粒子系统】|【暴风雪】命令，在【前】视图中绘制一个暴风雪图标，在【基本参数】卷展栏中将【显示图标】的【宽度】和【长度】均设置为520.0。在【视图显示】选项组中将【粒子数百分比】设置50.0%，如图8-101所示。在【粒子生成】卷展栏中将【粒子数量】区域下的【使用速率】设置为5，将【粒子运动】区域下的【速度】和【变化】分别设置为50、25，将【粒子计时】区域下的【发射开始】、【发射停止】、【显示时限】和【寿命】分别设置为-100、100、100、100；将【粒子大小】区域下的【大小】设置为1.5，在

第 8 章 大气特效与后期制作

221

【粒子类型】卷展栏中勾选【标准粒子】区域下的【球体】单选按钮，如图8-102所示。

图8-101 设置基本参数　　　　　　　　　图8-102 设置粒子参数

　　步骤 3 选择创建的粒子系统并右击，在弹出的快捷菜单中选择【对象属性】命令，弹出【对象属性】对话框，在该话框中切换到【常规】选项卡，在【G缓冲区】组中将粒子系统的【对象ID】设置为1，然后单击【确定】按钮，如图8-103所示。在菜单栏中执行【渲染】|【视频后期处理】命令，打开【视频后期处理】对话框，单击【添加场景事件】按钮，在弹出的【添加场景事件】对话框中使用【Camera001】摄影机视图，单击【确定】按钮，如图8-104所示。

　　步骤 4 返回到【视频后期处理】对话框中，再次单击【添加图像过滤事件】按钮，在打开的对话框中选择过滤器列表中的【镜头效果光晕】过滤器，其他保持默认值，单击【确定】按钮，如图8-105所示。返回到【视频后期处理】对话框中，在左侧列表中双击【镜头效果光晕】过滤器，在弹出的对话框中单击【设置】按钮，弹出【镜头效果光晕】对话框，单击【VP队列】和【预览】按钮，在【属性】选项卡中将【对象ID】设置为1，并勾选【过滤】区域下的【周界Alpha】复选框，如图8-106所示。

　　步骤 5 切换到【首选项】选项卡，将【效果】区域下的【大小】设置为1.6，在【颜色】区域下勾选【像素】单选按钮，并将【强度】设置为85，如图8-107所示，切换到在【澡波】选项卡中勾选【红】、【绿】、【蓝】复选框，在【参数】区域下将【大小】和【速度】分别设置为10、0.2，单击【确定】按钮，返回到【视频后期处理】对话框中，如图8-108所示。

图8-103 设置对象ID　　　　　　　　　图8-104 添加场景事件

3ds Max 动画制作实例精讲教程

图8-105 添加图像过滤事件

图8-106 设置光晕属性

图8-107 设置光晕首选项参数

图8-108 设置光晕噪波参数

步骤6 返回到【视频后期处理】对话框，添加【镜头效果高光】过滤器，并双击该过滤器，在弹出的对话框中单击【设置】按钮，弹出【镜头效果高光】对话框，单击【VP队列】和【预览】按钮，在【属性】选项卡中勾选【过滤】区域下的【边缘】复选框，如图8-109所示。切换到在【几何体】选项卡中，将【效果】区域下的【角度】和【钳位】分别设置为100、20，在【变化】区域下单击【大小】按钮取消其选择，如图8-110所示。

图8-109 设置镜头效果高光属性参数

图8-110 设置效果高光几何体参数

步骤7 在【首选项】选项卡中将【效果】区域下的【大小】和【点数】分别设置为8、4，在【距离褪光】区域下单击【亮度】和【大小】按钮，将它们的值设置为4000，勾选【锁定】复选框，在【颜色】区域下勾选【渐变】单选按钮，如图8-111所示。单击【确定】按钮，返回到【视频后期处理】对话框中，在对话框中单击【添加图像输出事件】按钮，弹出【添加图像输出事件】对话框，单击【文件】按钮，在弹出的【为视频后期处理输出选择图像文件】对话框中设置输出路径及文件名，并将【保存类型】设置为avi，单击【保存】按钮，如图8-112所示。

图8-111 设置镜头效果高光首选项参数

图8-112 设置输出路径

步骤8 弹出【AVI文件压缩设置】对话框，在该对话框中将【主帧比率】设置为0，然后单击【确定】按钮，如图8-113所示。返回到【添加图像输出事件】对话框中，此时会在该对话框中显示出文件的输出路径，然后单击【确定】按钮。返回到【视频后期处理】对话框中，在该对话框中单击【执行序列】按钮，打开【执行视频后期处理】对话框，在【时间输出】选项组中勾选【范围】单选按钮，在【输出大小】选项组中将【宽度】和【高度】分别设置为640和480，单击【渲染】按钮进行渲染，效果如图8-114所示。

图8-113 【AVI文件压缩设置】对话框

图8-114 璀璨星空效果

实例 70 使用大气效果制作星球动画

本例将讲解使用大气效果来制作星球动画效果的操作方法。

学习目标

掌握大气装置的设置方法

制作过程

资源路径：案例文件\Chapter 8\原始文件\制作星球动画\制作星球动画.max

案例文件\Chapter 8\最终文件\制作星球动画\制作星球动画.max

步骤 1 在讲解制作使用大气制作星球动画的方法之前，先打开本例的最终文件预览一下，如图8-115所示。从本书配套资源中打开原始场景文件如图8-116所示。

图8-115 星球动画的最终效果

图8-116 添加背景贴图后的效果

步骤 2 选择【创建】|【辅助对象】|【大气装置】|【球体Gizmo】工具，在【左】视图中创建对象，将【半径】设置为45，如图8-117所示。切换至【修改】面板，在【大气和效果】卷展栏中，添加【火效果】，如图5-118所示。

图8-117 创建大气球体并设置参数

图8-118 添加火效果

步骤 3 选择添加的火效果，单击【设置】按钮，弹出【环境和效果】对话框，在【火效果参数】卷展栏中，将【内部颜色】设置为215、224、252，将【外部颜色】设置为132、140、173，如图5-119所示。在【图形】选项组中，将【规则性】设置为0.8，在【特性】选项组中，将【火焰大小】设置为6，将【密度】设置为50000，将【火焰细节】设置为5，将【采样】设置为5，然后单击【自动关键点】按钮，将时间滑块滑动至第300帧，将【相位】设置为100，再次单击【自动关键点】按钮，退出动画记录模式，如图5-120所示。

图8-119 设置颜色

图8-120 设置动画模式

步骤 4 在视图中选择【球体Gizmo】对象，单击【选择并链接】工具，链接地球【Earth】对象，如图5-121所示。渲染第300帧的效果如图5-122所示。

图8-121 链接对象

图8-122 第300帧的效果

实例71 使用交叉衰减变换效果制作图像合成动画

本例将讲解使用【交叉衰减变换】效果来制作图像合成动画效果的操作方法。

学习目标

掌握【交叉衰减变换】效果的设置方法

制作过程

资源路径：案例文件\Chapter 8\最终文件\制作图像合成动画\制作图像合成动画.max

步骤 1 在讲解使用【交叉衰减变换】效果制作图像合成动画的方法之前，先打开本例的最终文件预览一下，效果如图8-123所示。下面就来讲解这个动画的制作方法。从本书配套资源中选择一张图片，作为场景的背景贴图，如图8-124所示。

图8-123 【交叉衰减变换】最终效果

图8-124 添加背景贴图后的效果

▇▇▇ 步骤 2 在菜单栏中选择【渲染】|【视频后期处理】命令，打开【视频后期处理】对话框，单击【添加场景事件】按钮▇，弹出【添加场景事件】对话框，如图8-125所示，在该对话框中选择【透视】视图。单击【确定】按钮后再次单击【添加图像输入事件】按钮▇，弹出【添加图像输入事件】对话框，如图8-126所示。

图8-125 【添加场景事件】对话框

图8-126 【添加图像输入事件】对话框

▇▇▇ 步骤 3 在【添加图像输入事件】对话框中单击【文件】按钮，在弹出的对话框中选择配套资源中的素材文件，如图8-127所示。将其添加至【添加图像输入事件】对话框中，在【视频后期处理】对话框中选择添加的图像输入事件，如图8-128所示。

图8-127 选择素材文件

图8-128 选择添加的图像输入事件

▇▇▇ 步骤 4 在【视频后期处理】对话框中同时选择两个添加的事件，如图8-129所示，然后单击【添加图像层事件】按钮▇。打开【添加图像层事件】对话框，在该对话框中选择【交叉衰减变换】效果，如图8-130所示。

图8-129 选择场景事件

图8-130 选择【交叉衰减变换】效果

步骤 5 单击【确定】按钮，在【视频后期处理】对话框中单击【添加图像输出事件】按钮，
打开【添加图像输出事件】对话框，如图8-131所示，在该对话框中单击【文件】按钮，在弹出的
对话框中为其指定一个正确的存储路径，如图8-132所示，并将其格式设置为AVI文件（*.avi）。

图8-131 【添加图像输入事件】对话框

图8-132 指定存储路径

步骤 6 单击【保存】按钮，弹出【AVI文件压缩设置】对话框，如图8-133所示，在其中使用默
认设置。在【视频后期处理】对话框中单击【执行序列】按钮，弹出【执行视频后期处理】对话
框，如图8-134所示，在其中的【输入大小】选项组中将【宽度】和【高度】分别设置为640和480。

图8-133 【AVI文件压缩设置】对话框

图8-134【执行视频后期处理】对话框

步骤 7 单击【渲染】按钮渲染输入动画，当渲染到第20帧时，效果如图8-135所示。当渲染
到底60帧时，效果如图8-136所示。

图8-135 渲染到第20帧的效果

图8-136 渲染到第60帧的效果

实例72　使用镜头效果高光制作钻石发光动画

　　本例将使用【镜头效果高光】来模拟制作戒指上的钻石发光效果的方法，【镜头效果高光】可以产生明亮的星形高光效果。镜头高光效果的运用最为广泛，它也属于Video Post镜头效果的一种，所以它的大部分参数都与光晕效果相同，只是增加了一个【几何体】选项卡，在该选项卡中包含了对星形形状属性的设置。镜头效果高光没有【噪波】选项卡。

学习目标

掌握【镜头效果高光】参数的设置方法

制作过程

　　资源路径：案例文件\Chapter 8\最终文件\制作钻石发光动画\制作钻石发光动画.max

　　步骤1 在讲解制作钻石发光动画的方法之前，先打开动画的最终效果预览一下，如图8-137所示。打开素材文件，如图8-138所示。

图8-137 钻石发光动画最终效果

图8-138 打开素材文件

　　步骤2 在【灯光】对象面板中，单击【泛光灯】按钮，在戒指上创建一盏泛光灯对象，如图8-139所示。选择泛光灯对象右击，在弹出的快捷菜单中选择【对象属性】命令，弹出【对象属性】对话框，设置【对象ID】为1，如图8-140所示。

　　步骤3 打开【视频后期处理】对话框，单击【添加场景事件】按钮，将摄影机视图添加进来，如图8-141所示。单击【添加图像过滤事件】按钮，在弹出的对话框中选择【镜头效果高光】选项，如图8-142所示。

图8-139 创建泛光灯

图8-140 设置【对象ID】

图8-141 添加【透视】视图

图8-142 选择【镜头效果高光】选项

步骤4 单击【设置】按钮，在弹出的【镜头效果高光】对话框中，设置属性参数，勾选【效果ID】选项，如图8-143所示。切换到【首选项】选项卡中，设置【效果】中的【大小】为9，【点数】为4，单击【VP队列】按钮和【预览】按钮，预览戒指的发光效果，如图8-144所示。

图8-143 设置高光属性参数

图8-144 设置首选项参数

步骤 5 在第0帧处按N键开启动画记录模式，将时间滑块移至第100帧处，将【大小】更改为15，如图8-145所示。然后切换至【几何体】选项卡，将【效果】中的【角度】设置为100度，如图8-146所示。

图8-145 设置高光大小参数

图8-146 设置【角度】参数

提示：在【效果】选项组中可以对镜头高光的角度和钳位参数进行设置。【变化】选项组中的选项可用于给高光效果增加随机性。【旋转】选项组中的两个按钮可用于使高光基于场景中它们的相对位置自动旋转。

步骤 6 单击【确定】按钮将参数进行保存。单击【添加图像输出事件】按钮，添加场景输出事件，如图8-147所示。设置完成后，对场景进行渲染输出，效果如图8-148所示。

图8-147 添加图像输出事件

图8-148 钻石效果

第9章

两足与四足角色动画

　　角色动画是整个动画过程中比较复杂和较难掌握的一种，在角色制作中使用的是Character Studio，它是3ds Max中一个比较独立的模块，通过这个模块可以快速建立一套两足角色的骨骼系统。Character Studio提供了手动关键帧动画和自由步迹动画两种方式，其中手动关键帧动画可以自由设置每一步的脚步位置，系统会按照设定的步迹间距计算出行走、跑步及跳跃等动作，也可以使用系统自带的批量步迹，按照不同的步迹方式设置不同的参数，系统会自动生成行走、跑步或跳跃等动作。

　　本章主要介绍两足和四足动物角色骨骼绑定和动画设置的方法，另外还介绍了使用变形修改器制作角色面部表情动画的设置方法，这些都是读者需要熟练掌握的知识点。

实例 73　使用足迹模式制作人物上楼梯动画

足迹动画是Biped的核心组成工具，足迹是Biped的子对象，类似于3ds Max中的Gizmo。在场景中，每一足迹的位置和方向控制Biped步幅的位置，使用足迹语言可以更直接地描述和编排复杂的时空关系，这体现在不同形式的移动过程中。

学习目标

掌握Biped骨骼的创建方法及调整方法

掌握人物蒙皮的操作方法

掌握足迹模式下创建多个足迹的方法

制作过程

资源路径：案例文件\Chapter 9\原始文件\制作人物上楼梯动画\制作人物上楼梯动画.max

　　　　　案例文件\Chapter 9\最终文件\制作人物上楼梯动画\制作人物上楼梯动画.max

步骤 1 在学习制作人物上楼梯动画的方法之前，先打开动画最终效果预览一下，如图9-1所示。从配套资源中打开人物和场景的原始文件，如图9-2所示。

图9-1　动画最终效果

图9-2　打开原始场景文件

步骤 2 将除人物外的其他对象隐藏，选择【创建】|【系统】|【Biped】命令，在【前】视图中创建一个与人物高度相当的骨骼，如图9-3所示。选择骨骼，切换至【运动】命令面板中，在【Biped】卷展栏中单击【体形模式】按钮，在视图中调整其位置，展开【结构】卷展栏，设置骨骼的参数，如图9-4所示。

步骤 3 在【前】视图中使用移动、旋转和缩放工具，将每一个骨骼关节调整为与人物相匹配，如图9-5所示。选择人物模型，切换至【修改】命令面板，在修改器下拉列表框中选择【Physique】修改器，如图9-6所示。

步骤 4 在【Physique】卷展栏中单击【附加到节点】按钮，拾取骨骼的盆骨中心，将弹出【Physique初始化】对话框，单击【初始化】按钮，如图9-7所示。将当前选择集定义为【顶点】，选择人物头部的顶点，如图9-8所示。

步骤 5 在【顶点链接指定】卷展栏中，单击【从链接移除】按钮，在视图中选中前面所选中的店移除所有点的链接关系，删除链接后，单击【选择】按钮，再在视图中选择该顶点，此时选择的顶点显示为蓝色，如图9-9所示。再单击【指定给链接】按钮，在视图中拾取骨骼IK线，将顶点指定给头部，如图9-10所示。

图9-3 创建Biped骨骼对象

图9-4 设置骨骼参数

图9-5 调整骨骼的位置及大小

图9-6 选择【Physique】修改器

图9-7 单击【初始化】按钮

图9-8 选择顶点

步骤 6 按照相同的链接顶点对象的方法，分别将人物其他部分的顶点也重新链接一次，如图9-11所示。关闭当前选择集，在场景中移动骨骼对象，检查人物是否出现拉伸，检查完成后的人物封套效果如图9-12所示。

步骤 7 选择Biped骨骼对象，在【运动】命令面板中展开Biped卷展栏，单击【足迹模式】按钮 ，开启足迹动画模式，如图9-13所示。单击【行走】类型按钮 ，启用行走模式，如图9-14所示。

3ds Max 动画制作实例精讲教程

图9-9 移除所有链接后再选择顶点

图9-10 将顶点指定给头部

图9-11 重新链接剩下的顶点

图9-12 人物封套效果

图9-13 开启足迹动画模式

图9-14 启用行走模式

提示：默认情况下，按左脚、右脚、左脚、右脚交替的方式手动放置足迹。在单个足迹创建期间出现的足迹光标，显示了下一个即将放置的足迹是左脚还是右脚。

步骤8 将时间滑块拖动至第196帧，单击【创建多个足迹】按钮，将弹出【创建多个足迹】对话框，如图9-15所示，设置人物行走的步幅参数和距离。单击【确定】按钮，完成足迹的创建，在视图中的效果如图9-16所示。

第9章 两足与四足角色动画

235

图9-15 【创建多个足迹】对话框

图9-16 创建的足迹效果

> 提示：【参数化步幅宽度】以骨盆宽度的百分比来设置步幅宽度。该参数值设为 1.0 时生成一个与骨盆宽度相等的步幅宽度，该参数值设为 3.0 时生成一个宽幅的、蹒跚的步幅。对此设置的更改会自动改变实际步幅宽度。

██ 步骤 9 单击【为非活动足迹创建关键点】按钮 😶，为足迹创建关键帧来激活足迹，在视图中右击，将对象全部取消隐藏，在视图中拖动时间滑块可以预览到人物开始沿着足迹行走了，如图 9-17 所示。使用移动工具将编号为 9~14 的足迹对象向上移动，调整到楼梯上，如图 9-18 所示。

图9-17 人物开始沿足迹行走

图9-18 移动调整足迹

██ 步骤 10 拖动时间滑块预览人物的行走动作，如图 9-19 所示。当人物开始上楼梯时的动作姿势如图 9-20 所示。

图9-19 预览人物行走动作

图9-20 人物上楼梯动作

██ 步骤 11 在检查完整个动作过程后，将人物骨骼进行隐藏，可以将人物动画设置渲染输出，图 9-21 所示为其中某一帧的渲染效果。人物走完楼梯时的效果如图 9-22 所示。

图9-21 某一帧的渲染效果　　　　　　　　图9-22 走完楼梯后的效果

 实例74　使用足迹模式制作跑步动画

　　在【足迹创建】卷展栏中提供了【行走】、【跑】和【跳】3种类型，分别可以自由地为对象创建行走、跑步或跳跃的动作效果。下面将继续讲解在足迹模式下制作跑步动画的方法。

学习目标

　　掌握跑步足迹的创建方法

制作过程

　　资源路径：案例文件\Chapter 9\原始文件\制作跑步动画\制作跑步动画.max
　　　　　　　案例文件\Chapter 9\最终文件\制作跑步动画\制作跑步动画.max

　　步骤1 在学习制作人物跑步动画之前，先打开动画最终效果预览一下，如图9-23所示。从本书配套资源中打开原始场景文件，如图9-24所示。

图9-23 动画最终效果　　　　　　　　　图9-24 原始场景文件

　　步骤2 选择Biped骨骼对象，在【运动】命令面板中展开【Biped】卷展栏，单击【足迹模式】按钮 ，开启足迹动画模式，如图9-25所示。单击【跑】按钮 ，启用行走模式，如图9-26所示。

　　步骤3 单击【创建多个足迹】按钮 ，将弹出【创建多个足迹】对话框，如图9-27所示，设置人物跑步的步幅参数和距离。单击【确定】按钮完成足迹的创建，在视图中的效果如图9-28所示。

　　步骤4 单击【为非活动足迹创建关键点】按钮 ，为足迹创建关键帧来激活足迹，如图9-29所示。在视图中拖动时间滑块可以预览整个人物的跑步动作，如图9-30所示。

图9-25 开启足迹动画模式

图9-26 启用行走模式

图9-27 【创建多个足迹】对话框

图9-28 创建的足迹效果

提示：在【创建多个足迹】对话框中设置【第一步】和【最后一步】参数来确定人物的运动足迹、每一步的步幅大小，以及每一步的步幅高度等。在这个对话框中所设置的参数能影响到人物运动的最终效果。

图9-29 激活足迹

图9-30 预览人物的跑步动作

步骤 5 按Alt+B组合键，弹出【视口背景】对话框，显示场景的背景图片，如图9-31所示。选择【创建】|【灯光】|【标准】|【泛光】命令，在人物的上方创建一盏灯光，如图9-32所示。

步骤 6 选择灯光，进入它的参数面板中设置参数，如图9-33所示。选择【创建】|【几何体】|【标准基本体】|【平面】命令，在场景中创建一个平面对象，如图9-34所示。

步骤 7 按M键打开【材质编辑器】对话框，选择一个标准材质球并选择【无光/投影】材质类型，如图9-35所示。添加【无光/投影】材质后平面对象将灯光的阴影投射到了背景图像上，按F9键渲染场景，效果如图9-36所示。

图9-31 显示背景图片

图9-32 创建灯光

图9-33 设置灯光参数

图9-34 创建平面

图9-35 选择【无光/投影】材质类型

图9-36 渲染场景效果

提示：【无光/投影】反射材质的一个重要功能就是它是非自阴影、非自阻挡和非自反射的，不会将间接灯光投影到自身上面。因为它专门用做摄影图片（已经包含自阴影和自反射等效果）中显示对象的替代对象，所以材质会自动排除这些效果。

步骤 8 将动画场景设置完毕后，打开【渲染设置】对话框，设置动画的渲染输出参数，当渲染到第17帧时，效果如图9-37所示。渲染到第150帧时，效果如图9-38所示。

图9-37 渲染到第17帧的效果

图9-38 渲染到第150帧的效果

 实例 75   使用自动关键点模式制作怪物飞行动画

本例介绍使用两足动物的骨骼为怪物进行蒙皮后，设置飞行动画的关键帧，它的操作方法与人物人物相同。

学习目标

学会分析怪物飞行的分解动作

掌握在【自动关键点】模式下设置怪物飞行动画的方法

制作过程

资源路径：案例文件\Chapter 9\原始文件\制作怪物飞行动画\制作怪物飞行动画.max

案例文件\Chapter 9\最终文件\制作怪物飞行动画\制作怪物飞行动画.max

步骤 1 在学习制作怪物飞行动画的操作方法之前，先打开怪物飞行动画的最终效果预览一下，如图9-39所示。从本书配套资源中打开原始场景文件，该场景包括一个已经蒙皮好的怪物模型，如图9-40所示。

图9-39 预览怪物飞行动画效果

图9-40 打开原始场景文件

步骤 2 单击【自动关键点】按钮，开启动画记录模式，在第0帧处将怪物飞翔的起飞姿势调整为如图9-41所示的效果。将时间滑块移至第10帧处，使用旋转工具旋转调整怪物的手臂，制作飞行中的第2个动作，如图9-42所示。

图9-41 设置第0帧的起飞姿势

图9-42 设置第10帧的飞行动作

步骤3 将时间滑块移至第13帧处，将怪物的飞行动作调整为上扬的手臂姿势，如图9-43所示。在第25帧处将手臂姿势旋转为如图9-44所示的效果。

图9-43 设置第13帧的飞行动作

图9-44 设置第25帧的飞行动作

步骤4 将时间滑块移至第35帧处，使用【选择并旋转】工具旋转调整怪物的手臂，制作怪物飞行的重复动作，如图9-45所示。根据怪物飞行的动作规律，使用复制关键帧的方法将后面的关键帧复制出来，制作怪物飞行的循环动画，如图9-46所示。

图9-45 设置第35帧的飞行动作

图9-46 制作怪物飞行的循环动画

步骤5 选择骨骼的中心点对象，在第60帧处将它向前移动一段距离，使怪物实现飞行动画的效果，如图9-47所示。按N键退出动画记录模式，在视图中拖动时间滑块预览动画，怪物的飞行动作如图9-48所示。

图9-47 设置骨骼中心的移动关键帧

图9-48 预览动画

步骤 6 选择所有的骨骼对象，右击，在弹出的快捷菜单中选择【隐藏选择对象】命令，将骨骼隐藏起来，如图9-49所示。拖动时间滑块检查动画的正确性后，打开【渲染设置】对话框，设置动画的渲染输出参数，当动画渲染到第0帧时，效果如图9-50所示。

图9-49 隐藏骨骼

图9-50 渲染到第0帧的效果

步骤 7 动画渲染到第10帧时，怪物向前飞行了一段距离，效果如图9-51所示。怪物飞行动作实现了循环效果，怪物在第50帧的飞行位置如图9-52所示。

图9-51 渲染到第10帧的效果

图9-52 渲染到第50帧的效果

实例 76　使用骨骼制作龙飞翔动画

本例将继续讲解使用【骨骼】系统的方法，为龙模型创建骨骼并进行蒙皮，然后使用【自动关键点】模式设置龙的飞翔动画。

学习目标

掌握龙模型的骨骼组成结构

学会使用【蒙皮】修改器为龙模型蒙皮

学会设置龙的飞行动画关键帧

制作过程

资源路径：案例文件\Chapter 9\原始文件\制作龙飞翔动画\制作龙飞翔动画.max

案例文件\Chapter 9\最终文件\制作龙飞翔动画\制作龙飞翔动画.max

步骤 1 在学习制作龙飞翔动画的操作方法之前，先打开该动画的最终效果预览一下，效果如图9-53所示。从本书配套资源中打开本例的原始文件，该场景中包含一个龙模型，如图9-54所示。

图9-53 龙飞翔动画的最终效果

图9-54 打开原始场景文件

步骤 2 进入【系统】对象面板，单击【骨骼】按钮，在【前】视图中为龙的身体部分创建骨骼，回到【透视】视图中观察骨骼效果，如图9-55所示。在【顶】视图中将龙的翅膀骨骼创建出来，在【透视】视图中使用移动或旋转工具，将龙的骨骼调整为如图9-56所示的效果。

图9-55 创建身体上的骨骼

图9-56 创建翅膀上的骨骼

> 提示：在将骨骼创建完成后，双击骨骼中心对象就能全选整个骨骼链接对象。【骨骼】系统一般多用于创建怪物人物的骨骼。

步骤 3 选择龙模型，在修改器下拉列表框中选择【蒙皮】修改器，如图9-57所示。进入【蒙皮】修改器的参数卷展栏中，单击【添加】按钮，将所有的骨骼添加进来，如图9-58所示。

图9-57 选择【蒙皮】修改器

图9-58 添加所有的骨骼

步骤 4 选择【蒙皮】修改器的【封套】子对象层级，在龙模型上选择骨骼所在位置的封套对象，为封套设置【半径】参数控制封套大小，如图9-59所示。按照相同的设置方法，分别将其他的封套大小调整为与模型相匹配，效果如图9-60所示。

图9-59 设置骨骼的封套参数

图9-60 设置其他骨骼的封套大小

> 提示：选择封套横截面，然后使用【半径】参数调整其大小。必须选中【选择】选项组中的【横截面】选项，然后才能选择横截面。也可以在视图中单击并拖动横截面控制点，然后调整其大小。【挤压】参数控制所拉伸骨骼的挤压倍增值。挤压值为一个独立值，在禁用【冻结长度】并启用【挤压】时，用于减少或增加拉伸骨骼时对骨骼应用的拉伸量。

步骤 5 按下N键开启动画记录模式，在第0帧处使用移动和旋转工具将龙的动作姿势设置为飞翔的动作，如图9-61所示。在第2帧处将翅膀上的骨骼向下移动并旋转，制作为翅膀展平的姿势，如图9-62所示。

步骤 6 将时间滑块移至第7帧处，将龙的动作姿势调整为翅膀下垂的效果，如图9-63所示。将时间滑块移至第16帧处，调整龙翅膀及尾巴的姿势，如图9-64所示。

图9-61 设置龙的飞翔动作

图9-62 设置翅膀展平的姿势

图9-63 设置翅膀下垂效果

图9-64 调整翅膀及尾巴角度

步骤 7 将时间滑块移至第26帧处，再次调整模型的角度，如图9-65所示。将时间调整至第30帧处，在视图中调整龙模型的姿势，如图9-66所示。

图9-65 调整模型角度

图9-66 在第30帧调整模型姿势

步骤 8 根据相同的方法在其他帧调整模型姿势，使模型飞行姿势顺畅，效果如图9-67所示。将时间滑块移至第22帧处，选择模型中心骨骼，将其向前移动一段距离，完成飞行动作，如图9-68所示。

提示：【轨迹】是对象穿越世界空间时，用户可以查看到的运动轨迹。轨迹是对象因运动而产生的可视路径，可以将轨迹看做对象【位置】轨迹的三维功能曲线。

图9-67 使用同样方法调整模型姿势

图9-68 向前移动模型

步骤9 选择龙对象中心的一个骨骼对象，继续向前移动一段距离，如图9-69所示。使用同样的方法继续向前移动，完成龙模型的飞行，右击，在弹出的快捷菜单中选择【对象属性】命令，在弹出的【对象属性】对话框中勾选【轨迹】复选框，在视图中将显示龙的飞行轨迹，如图9-70所示。

图9-69 向前移动中心骨骼对象

图9-70 显示龙的飞行轨迹

步骤10 设置完成后，关闭自动关键点，右击，在弹出的快捷菜单中选择【全部取消隐藏】命令，选择【透视】视图，按C键将其转换为摄影机视图，如图9-71所示。拖动时间滑块可以在视图中预览龙的飞行效果，如图9-72所示。

图9-71 显示隐藏对象

图9-72 预览动画

提示：场景中的背景是用一个球体模拟的环境效果，本例的摄影机对象也是添加了【运动模糊】效果的，在渲染后可以观察到整个场景的效果。

步骤 11 选中所有的骨骼对象，将其隐藏起来，在视图中观察龙的飞行效果，如图9-73所示。按F9键快速渲染视图的画面效果，如图9-74所示。

图9-73 隐藏骨骼　　　　　　　　　　　　图9-74 渲染视图的画面效果

步骤 12 在检查确认完动画的连贯性后，打开【渲染设置】对话框，设置动画的输出大小和格式，然后单击【渲染】按钮渲染动画，渲染到第10帧时的画面效果如图9-75所示。渲染到第57帧时，画面效果如图9-76所示。

图9-75 渲染到第10帧的画面效果　　　　　　图9-76 渲染到第57帧的画面效果

实例77　使用自动关键点模式制作滑冰动画

在【自动关键点】模式下，移动调整Biped骨骼关节，还可以手动设置人物的动作，完成各种简单的动画效果。下面将利用这种方法来手动设置人物滑冰的动作。

学习目标

掌握设置踩踏关键点的方法

学会分析人物滑冰的分解动作

制作过程

资源路径：案例文件\Chapter 9\原始文件\制作滑冰动画\制作滑冰动画.max
案例文件\Chapter 9\最终文件\制作滑冰动画\制作滑冰动画.max

▉▉ 步骤 1 在讲解制作滑冰动画之前，先预览一下人物滑冰的最终效果，如图9-77所示。从本书配套资源中打开滑冰动画的原始文件，如图9-78所示，该文件包括一个滑冰场和一个已经封套好的人物模型。

图9-77 滑冰动画最终效果

图9-78 打开原始场景文件

▉▉ 步骤 2 在工具栏中使用移动和旋转工具，将人物的骨骼进行调整，将人物的姿势调整为滑冰的起步动作，如图9-79所示。选择右脚的骨骼对象，在【运动】命令面板中展开【关键点信息】卷展栏，在第0帧处单击【设置踩踏关键点】按钮，创建脚部骨骼的踩踏关键点，如图9-80所示。

图9-79 调整角色滑冰起步动作姿势

图9-80 设置脚步骨骼的踩踏关键点

▉▉ 步骤 3 单击【自动关键点】按钮，开启动画记录模式，将时间滑块移至第10帧处，调整人物的骨骼，效果如图9-81所示。在第20帧处调整骨骼，将人物的动作制作为向前滑的姿势，如图9-82所示。

▉▉ 步骤 4 在第30帧处将骨骼关节进行调整，并向上移动一点骨骼中心对象，制作人物向外用力滑动的姿势，效果如图9-83所示。在第40帧处调整骨骼动作，控制人物的姿势为往回收的动作姿势，如图9-84所示。

图9-81 设置第10帧的动作姿势

图9-82 设置第20帧的动作姿势

图9-83 设置第30帧的动作姿势

图9-84 设置第40帧的动作姿势

步骤 5 将时间滑块移至第50帧处,向下稍微移动骨骼中心对象,并调整其他骨骼将人物滑冰的动作姿势调整为如图9-85所示的样子。在第60帧处将人物的滑冰动作调整为如图9-86所示的样子。

图9-85 设置第50帧的动作姿势

图9-86 设置第60帧的动作姿势

步骤 6 按照相同的调整骨骼的方法,在第70帧处将人物换脚的姿势制作出来,如图9-87所示。在第80帧处将人物的动作调整为向前滑的姿势,如图9-88所示。

步骤 7 在【顶】视图中将骨骼中心的对象向前移动一段距离,使对象整个动作是向前滑行的,而不是原地滑行,如图9-89所示。拖动时间滑块检查人物的滑冰动作,在中间的滑行过程中,要使用【设置踩踏关键点】按钮 🔛 为两只脚设置踩踏关键点,使整个动作具有厚重感,如图9-90所示。

图9-87 设置第70帧的动作姿势

图9-88 设置第80帧的动作姿势

图9-89 设置骨骼中心的移动动画

图9-90 设置两只脚的踩踏关键点

步骤 8 设置完两只脚的踩踏关键点后，选择人物骨骼对象，将其隐藏，在视图中显示背景图像，然后拖动时间滑块播放预览动作，起步时的效果如图9-91所示。当人物滑到第40帧位置时，加速动作如图9-92所示。

图9-91 人物起步时效果预览

图9-92 第40帧时的加速动作

步骤 9 在预览了整个滑冰动作后，打开【渲染设置】对话框，设置动画的渲染输出格式和大小，当渲染到第20帧时，效果如图9-93所示。渲染到第70帧时，效果如图9-94所示。

图9-93 渲染到第20帧的动画

图9-94 渲染到第70帧的动画

 实例 78 使用自动关键点模式制作角色拿斧头砍树动画

本例讲解使用【关键点信息】卷展栏中的IK链接功能,制作Biped骨骼对象绑定到几何体对象的动画,并使用【自动关键点】模式制作人物的动画关键帧。

学习目标

掌握使用骨骼的IK链接斧头的方法
掌握设置角色拿斧头砍树的动作关键帧

制作过程

资源路径:案例文件\Chapter 9\原始文件\制作拿斧头砍树动画\制作拿斧头砍树动画.max
案例文件\Chapter 9\最终文件\制作拿斧头砍树动画\制作拿斧头砍树动画.max

步骤 1 在学习制作角色拿斧头砍树的动画之前,先打开该动画的最终效果预览一下,如图9-95所示。从本书配套资源中打开原始场景文件,效果如图9-96所示。

图9-95 预览角色拿斧头砍树动画

图9-96 打开原始场景文件

步骤 2 在视图中右击,在弹出的快捷菜单中选择【全部取消隐藏】命令,显示所有的骨骼对象,如图9-97所示。选择角色手上的骨骼对象,进入【运动】命令面板,单击【体型模式】按钮 ，展开【关键点信息】卷展栏,如图9-98所示。

第 9 章 两足与四足角色动画

251

图9-97 显示所有骨骼　　　　　　　　　　　图9-98 展开【关键点信息】卷展栏

步骤 3 展开IK选项组并单击【设置关键点】按钮 ◉，为角色手上的骨骼创建一个关键点，如图9-99所示。在视图中选择斧头对象，在工具栏中单击【选择并链接】按钮，在视图中按住鼠标将斧头链接到手指上，如图9-100所示。此时斧头对象就可以跟随人物的手一起运动了。

图9-99 创建骨骼关键点　　　　　　　　　　图9-100 拾取斧头对象并设置参数

步骤 4 按N键开启动画记录模式，在第0帧处使用旋转和移动工具将人物的骨骼调整为如图9-101所示的效果。将时间滑块移至第20帧处，将人物的姿势调整为如图9-102所示的效果。

图9-101 制作第0帧的动作姿势　　　　　　　图9-102 设置第20帧的动作姿势

步骤 5 将时间滑块移至第30帧处，使用旋转工具将人物的手臂姿势调整为举起斧头的动作，如图9-103所示。将时间滑块移至第45帧处，将人物的骨骼姿势调整为如图9-104所示的效果。

提示：对任何手或者脚的轨迹，可以设置每一个关键的IK混合值。在某一特别关键点，IK混合值设置用于确定手臂或者腿是否使用反向运动、正向运动或者两个运动解决方案的混合形式来移动它。

图9-103 设置第30帧的动作姿势

图9-104 设置第45帧的动作姿势

步骤 6 继续将时间滑块移至第55帧处，将人物的动作姿势调整为如图9-105所示的效果。将时间滑块移至第65帧处，制作人物的起身动作，效果如图9-106所示。

图9-105 设置第55帧的动作姿势

图9-106 设置第65帧的起身动作

步骤 7 将时间滑块移至第80帧处，将人物的动作姿势调整为砍完东西后放松的动作，效果如图9-107所示。单击【播放动画】按钮 ▶ ，在视图中播放预览动画，如图9-108所示。

图9-107 设置第80帧的动作姿势

图9-108 播放预览动画

步骤 8 在预览过程中，可以发现人物运动并不是很流畅，根据需要自行添加关键帧即可，图9-109为第45帧时的效果。将骨骼进行隐藏。在确认人物砍东西的动作后，打开【渲染设置】对话框，设置动画的渲染输出，当渲染到第0帧时，效果如图9-110所示。

图9-109 播放第45帧动画效果

图9-110 渲染到第0帧的效果

步骤 9 当动画渲染到第30帧时，画面效果如图9-111所示。当动画渲染到第70帧时，画面效果如图9-112所示。

图9-111 渲染到第30帧的效果

图9-112 渲染到第70帧的效果

实例 79   使用Biped制作怪兽奔跑动画

本例讲解使用两足动物的骨骼Biped来创建四足动物的骨骼，然后使用Physique修改器完成怪兽的蒙皮，并在【自动关键点】模式下设置怪兽的奔跑动画。

学习目标

掌握Biped骨骼的参数设置

掌握Biped骨骼对象的变换操作方法

掌握设置怪兽奔跑动画的关键帧方法

制作过程

资源路径：案例文件\Chapter 9\原始文件\制作怪兽奔跑动画\制作怪兽奔跑动画.max

案例文件\Chapter 9\最终文件\制作怪兽奔跑动画\制作怪兽奔跑动画.max

步骤 1 在讲解制作怪兽动画的方法之前，先打开本例的最终效果预览一下，如图9-113所示。从本书配套资源中打开原始场景文件，如图9-114所示。

图9-113 怪兽奔跑动画效果

图9-114 打开原始场景文件

 步骤2 选择【创建】|【标准】|【Biped】命令，在【前】视图中创建一个Biped骨骼，如图9-115所示。选择骨骼，进入【运动】命令面板，单击【体形模式】按钮 ，展开【结构】卷展栏设置骨骼的参数，如图9-116所示。

图9-115 创建Biped骨骼

图9-116 设置骨骼的创建参数

提示：在【躯干类型】下拉列表框中可以选择骨骼、男性、女性和经典4种类型，并列出每一种躯干的骨骼参数。

步骤3 在【左】视图中选择骨骼，使用旋转工具进行调整，如图9-117所示。使用移动、旋转和缩放工具将怪兽的骨骼调整为与其他骨骼相匹配的姿势效果，如图9-118所示。

图9-117 旋转调整骨骼对象

图9-118 调整其他骨骼对象

步骤 4 单击【骨骼】按钮，在怪兽的翅膀位置上创建两个骨骼，如图9-119所示。选择怪兽模型，在修改器下拉列表框中选择Physique修改器，并选择【封套】子层级对象，分别选择人物的骨骼关节，设置其封套参数，如图9-120所示。

图9-119 创建翅膀上的骨骼

图9-120 设置封套参数

提示：同一个链接可以同时启用可变形和刚性两种模式。一般情况下，使用其中的一种。通过非统一缩放一个链接的刚性和可变形封套，可以把其中一个封套置于另一个封套上面。例如，可以用刚性封套控制肩部，同时用可变形封套控制腋部，也可以同时关闭一个链接的两个封套。

步骤 5 按N键开启动画记录模式，选择人物四肢所在的骨骼对象进行调整，将姿势调整为行走的起步姿势，如图9-121所示。将时间滑块移至第10帧处，旋转调整人物的骨骼对象，调整怪兽的行走姿势，如图9-122所示。

图9-121 设置起步姿势

图9-122 设置第10帧的行走姿势

步骤 6 将时间滑块移至第15帧处，移动骨骼对象，将怪兽的行走姿势调整为如图9-123所示的效果。在第20帧处，将怪兽的行走姿势调整为如图9-124所示的效果。

步骤 7 在第30帧处，将怪兽的行走姿势调整为如图9-125所示的效果，这样就完成了怪兽的第一个行走动作。按照相同的调整方法，将怪兽的第一个行走动作复制到后面的关键帧上，制作行走循环动作，如图9-126所示。

提示：在设置怪兽骨骼的关键帧时，要根据它奔跑的动作规律来设置，可以在开始一段设置几个关键点，然后将关键点复制到后面的帧编号上。

图9-123 设置第15帧的行走姿势

图9-124 设置第20帧的行走姿势

图9-125 设置第30帧的行走姿势

图9-126 制作怪兽行走循环动作

步骤 8 将时间滑块移至第150帧处，移动调整骨骼对象，将怪兽的姿势调整为奔跑的动作姿势，如图9-127所示。在第160帧处，旋转骨骼对象，将怪兽的动作姿势调整为如图9-128所示的效果。

图9-127 设置第150帧的动作姿势

图9-128 设置第160帧的动作姿势

步骤 9 将时间滑块移至第170帧处，将怪兽的四肢调整为跑步的起步动作，如图9-129所示。此时怪兽开始做重复运动，可以将它的跑步关键帧向后进行复制，制作跑步的循环动作，如图9-130所示。

步骤 10 单击【播放动画】按钮 ▶ 播放动画，效果如图9-131所示。在播放预览完动画效果后，打开【渲染设置】对话框，设置动画的渲染输出参数，当渲染到第170帧时，效果如图9-132所示。

图9-129 设置第170帧的动作姿势

图9-130 制作跑步的循环动作

图9-131 播放动画

图9-132 渲染到第170帧的效果

实例80 使用变形修改器制作卡通兔子动画

【变形】一般用于3D人物的口型同步和面部表情，但也可以用于更改任何3D模型的形状。对于变形目标和材质，共有100个可用通道，可以混合通道百分比，并且可使用混合结果创建新目标。在网格对象上，基础对象和目标上的顶点数必须相同。在面片或Poly对象上，【变形器】修改器仅在控制点上起作用。下面将利用【变形器】修改器来制作卡通兔子动画。

学习目标

掌握创建【变形器】新目标对象的方法

掌握使用【变形器】修改器设置人物动画的方法

制作过程

资源路径：案例文件\Chapter 9\原始文件\制作卡通兔子动画\制作卡通兔子动画.max

案例文件\Chapter 9\最终文件\制作卡通兔子动画\制作卡通兔子动画.max

步骤1 在学习制作卡通兔子动画方法之前，先打开该动画的最终效果预览一下，如图9-133所示。从本书配套资源中打开该动画的原始文件，场景中为一个卡通兔子模型，如图9-134所示。

图9-133 动画最终效果

图9-134 打开原始场景文件

步骤2 选择手臂上的骨骼对象，使用移动和旋转工具进行调整，将兔子的双手调整为如图9-135所示的姿势。选择兔子的头部对象，按住Shift键复制5个副本，如图9-136所示。

图9-135 调整兔子双手的姿势

图9-136 复制头部对象

步骤3 选择第一个副本对象，进入【顶点】子对象层级，将兔子上眼皮的顶点向上扬，制作为生气的表情，如图9-137所示。选择第2个副本对象，进入【顶点】子对象层级，向下移动眼部的顶点，制作为闭眼状态，如图9-138所示。

图9-137 调整第1个副本对象

图9-138 调整第2个副本对象

提示：作为【变形器】修改器的目标对象，它们的顶点数量必须相同，因此只需要对目标对象的顶点层级进行调整，然后使用原始对象添加【变形器】修改器，依次拾取目标对象的形状，通过设置关键帧参数设置变形动画即可。

步骤4 选择第3个副本对象，选择嘴部的顶点，移动调整为闭嘴，如图9-139所示。选择第4个副本对象，将它的嘴部形状调整为惊讶表情，或制作为发音O的动作，如图9-140所示。

图9-139 调整第3个副本对象

图9-140 调整第4个副本对象

步骤5 选择第5个副本对象，将它的鼻子上的顶点选中，移动调整为鼻子摆动的形状，如图9-141所示。选择兔子头的原始对象，在修改器下拉列表框中选择【变形器】修改器，如图9-142所示。

图9-141 调整第5个副本对象

图9-142 选择【变形器】修改器

步骤6 进入【变形器】修改器的【通道列表】卷展栏，在空白通道上右击，在弹出的快捷菜单中选择【从场景中拾取】命令，分别将5个新目标对象拾取进来，如图9-143所示。按N键开启动画记录模式，在第0帧处设置兔子的变形参数，如图9-144所示。

图9-143 分别拾取5个目标对象

图9-144 设置第0帧的变形参数

步骤7 将时间滑块移至第8帧处，设置兔子头部的变形参数，如图9-145所示。在第12帧处将兔子的头部变形参数设置为如图9-146所示的效果。

步骤8 将时间滑块移至第23帧处，设置兔子头部的变形参数，如图9-147所示。在第40帧处将变形参数设置为如图9-148所示的效果，使兔子面部表情发生变化。

图9-145 设置第8帧的变形参数

图9-146 设置第12帧的变形参数

图9-147 设置第23帧的变形参数

图9-148 设置第40帧的变形参数

步骤9 按照相同的设置方法将兔子的面部表情设置完成，然后选择头部绑定的骨骼对象，在第5帧处使用旋转工具旋转骨骼，将兔子的头部调整为抬头的动作，如图9-149所示。在第15帧处将兔子的头部向下旋转一点，如图9-150所示。

图9-149 设置头部第5帧的位置

图9-150 设置头部第15帧的位置

提示：对于口型同步和面部表情动画，创建处于【静止】姿势的人物头部即可，头部可以是网格、面片或NURBS模型。复制和修改原始头部，以创建口型同步和面部表情目标。请选择【原始】或【静止】头部，然后应用【变形器】修改器。在【变形器】修改器中，将每个口型同步和面部表情目标指定给通道。

步骤 10 在第27帧处将兔子的头部骨骼向左稍微旋转一点，制作摇头的动作，如图9-151所示。在第40帧的位置将兔子的头部向右旋转一点，如图9-152所示。

图9-151 设置头部第27帧的位置　　　　　　　　　图9-152 设置头部第40帧的位置

步骤 11 在第53帧的位置继续旋转头部骨骼，将头向右偏，如图9-153所示。在第90帧的位置将头向左旋转，效果如图9-154所示。

图9-153 设置头部第53帧的位置　　　　　　　　　图9-154　设置头部第90帧的位置

步骤 12 将头部的摇摆动作制作完成后，按N键退出动画记录模式。单击【播放动画】按钮
▶播放动画，如图9-155所示。在视图中可以预览整个兔子头部的运动效果，如图9-156所示。

步骤 13 在预览完动画后，打开【渲染设置】对话框，选择动画的输出大小和尺寸，单击【渲染】按钮渲染输出动画。当渲染到第40帧时，效果如图9-157所示。当渲染到第60帧时，动画画面效果如图9-158所示。

图9-155　播放动画　　　　　　　　　　　　　　图9-156　预览动画

图9-157 渲染到第40帧的效果

图9-158 渲染到第60帧的效果

实例81　使用自动关键点模式制作人物骑车动画

本例讲解使用自动关键点模式来为人物骨骼设置动画关键帧，制作一段人物骑车的动画，其中还使用到了【轨迹视图】窗口来编辑自行车踏板的运动。

学习目标

掌握设置自行车动画的方法

掌握设置人物脚部动作关键帧的设置方法

制作过程

资源路径：案例文件\Chapter 9\原始文件\制作骑自行车动画\制作骑自行车动画.max

案例文件\Chapter 9\最终文件\制作骑自行车动画\制作骑自行车动画.max

步骤1 在学习制作人物骑自行车动画方法之前，先打开本例的最终效果预览一下，如图9-159所示。从本书配套资源中打开本例的原始文件，如图9-160所示。

图9-159 人物骑自行车动画效果

图9-160 打开原始场景文件

步骤2 按N键开启【自动关键点】模式，将时间滑块移至第35帧处，选择将自行车向前移动一段距离，如图9-161所示。使用旋转工具将踏板旋转360°，设置踏板的旋转关键帧，如图9-162所示。

步骤3 在工具栏中单击【曲线编辑器】按钮，打开自行车的【轨迹视图】窗口，然后选择自行车的关键点曲线，如图9-163所示。在菜单栏中选择【编辑】|【控制器】|【超出范围类型】命令，在弹出的对话框中选择【相对重复】类型，如图9-164所示。

图9-161 设置自行车的移动关键帧

图9-162 设置踏板旋转关键帧

图9-163 选择自行车的关键点曲线

图9-164 选择【相对重复】类型

> 提示：【相对重复】类型是在一个范围内重复相同的动画，但是每个重复会根据范围末端的值有一个偏移，使用【相对重复】类型来创建在重复时彼此构建的动画。

步骤4 当选择了【相对重复】类型后，自行车的关键点曲线显示为相对重复效果，如图9-165所示。关闭【轨迹视图】窗口后，在视图中拖动时间滑块可以预览自行车的重复前行效果，如图9-166所示。

图9-165 关键点曲线效果

图9-166 预览自行车重复前行效果

步骤5 在第0帧处使用移动和旋转工具，将人物的骨骼进行调整，创建人物坐在自行车上的一个姿势，如图9-167所示。选择人物骨骼，进入【运动】命令面板，展开【关键点信息】卷展栏，单击【设置踩踏关键点】按钮 ，将人物脚部所在的骨骼对象设置为踩踏关键点，如图9-168所示。

步骤6 选择骨骼的中心点对象，在工具栏中单击【选择并链接】按钮 ，将骨骼中心对象链接到自行车上，如图9-169所示。此时人物将跟着自行车一起向前移动。将时间滑块移至第18帧处，设置人物骑车的脚步姿势，如图9-170所示。

步骤7 将时间滑块移至第36帧处，将人物的脚部姿势调整为如图9-171所示的状态。在视图中来回拖动时间滑块预览动作效果，此时人物在第0～36帧之间自动生成了一个骑车的完整动作，如图9-172所示。

图9-167 调整人物的起步姿势

图9-168 设置脚部踩踏关键点

图9-169 链接骨骼中心点

图9-170 设置人物骑车的脚部姿势

图9-171 设置第36帧的姿势

图9-172 预览骑车动作

步骤 8 选择脚部的骨骼对象，打开【轨迹视图】窗口，并选择所有骨骼的关键点，如图9-173所示。在菜单栏中选择【编辑】|【控制器】|【超出范围类型】命令，在弹出的对话框中选择【恒定】类型，如图9-174所示。

提示：【恒定】类型可以在所有帧范围内保留末端关键点的值。如果想要在范围的起始关键点之前或结束关键点之后不再使用动画效果，请使用【恒定】类型。恒定是默认的超出范围类型。

图9-173 选择所有骨骼关键点

图9-174 选择【恒定】类型

步骤 9 在视图中拖动时间滑块可以预览到人物以恒定速度将骑车的动作循环下去，如图9-175所示。单击【视图】，在弹出的下拉列表中选择【视口背景】|【自定义图像文件】命令，将场景的背景图像显示出来，如图9-176所示。

图9-175 预览骑车动作

图9-176 显示场景的背景图像

步骤 10 在视图中拖动时间滑块预览人物的骑车动画效果，如图9-177所示。单击【平面】按钮，在场景中创建一个平面对象，如图9-178所示。

图9-177 预览人物骑车动画效果

图9-178 创建平面对象

步骤 11 按M键打开【材质编辑器】窗口，选择一个标准材质球，并选择【无光/投影】材质类型应用给平面对象，如图9-179所示。在【灯光】对象面板中，单击【泛光灯】按钮，创建一盏泛光灯对象，如图9-180所示。

提示：在场景中创建的泛光灯对象要启用它的阴影效果，这样才能在【无光/投影】材质中将阴影投射到背景图像中，模拟真实的投影效果。

图9-179 应用【无光/投影】材质类型

图9-180 创建泛光灯对象

步骤 12 选择灯光，进入参数卷展栏，设置泛光灯的倍增参数，如图9-181所示。根据前面所介绍的方法为泛光灯创建跟随骑车动画行走的效果，在视图中选择一个好的观察角度，按F9键快速渲染一次，效果如图9-182所示。

图9-181 设置灯光参数

图9-182 渲染灯光效果

步骤 13 将整个动画场景的灯光设置完毕后，打开【渲染设置】对话框，设置动画的渲染输出。当渲染到第15帧时，画面效果如图9-183所示。当渲染到第90帧时，画面效果如图9-184所示。

图9-183 渲染到第15帧的效果

图9-184 渲染到第90帧的效果

实例 82　使用Biped制作武士行走动画

本例通过讲解使用【自动关键点】模式设置人物的Biped骨骼，制作一段武士行走动画，主要使用移动和旋转工具调整骨骼，制作武士的行走姿势，通过【自动关键点】模式自动记录生成连贯的行走动画。

学习目标

掌握人物骨骼的调整方法

学会分析人物行走的关键动作姿势

制作过程

资源路径：案例文件\Chapter 9\原始文件\制作武士行走动画\制作武士行走动画.max

案例文件\Chapter 9\最终文件\制作武士行走动画\制作武士行走动画.max

步骤 1 在讲解制作武士行走动画的方法之前，先预览一下动画的最终效果，如图9-185所示。从本书配套资源中打开场景原始文件，效果如图9-186所示。

图9-185 预览动画最终效果

图9-186 打开场景原始文件

步骤2 在视图中选择人物模型并右击，在弹出的快捷菜单中选择【隐藏未选择对象】命令，将场景隐藏起来，如图9-187所示。将人物的骨骼对象显示出来，该场景中的武士模型已经完成了蒙皮，如图9-188所示。

图9-187 隐藏其他对象

图9-188 显示骨骼

提示：【隐藏未选择对象】命令用于隐藏未选定的所有可见对象。隐藏的对象仍然存在于场景中，但不在视口或渲染图像中显示。

步骤3 按N键快速开启【自动关键点】模式，在第0帧处移动调整人物的骨骼对象，将人物走路的起步姿势制作出来，如图9-189所示。将时间滑块移至第5帧处，将骨骼中心对象向前移动一段距离，并使用移动和旋转工具调整骨骼对象，制作武士走路的第2个姿势，如图9-190所示。

图9-189 设置起步姿势

图9-190 制作武士的第2个走路姿势

步骤4 将时间滑块移至第10帧处，使用旋转工具旋转调整武士手臂和腿上的骨骼，制作武士行走姿势，如图9-191所示。在第15帧处将武士的骨骼中心点向前继续移动一点，并将手脚的姿势调整为如图9-192所示的效果。

图9-191 设置第10帧的行走姿势

图9-192 设置第15帧的行走姿势

步骤 5 将时间滑块移至第20帧处，将武士的行走姿势调整为如图9-193所示的效果。继续向前拖动时间滑块至第25帧处，将武士的骨骼调整为如图9-194所示的行走姿势。

步骤 6 在第30帧处将武士的骨骼向前移动一段距离，然后旋转和移动武士的骨骼关节，将武士的行走姿势调整为如图9-195所示的效果。将时间滑块移至第35帧处，旋转调整骨骼对象，将武士的行走动作调整为如图9-196所示的效果。

图9-193 设置第20帧的行走姿势

图9-194 设置第25帧的行走姿势

图9-195 设置第30帧的行走姿势

图9-196 设置第35帧的行走姿势

步骤 7 将时间滑块移至第40帧处，使用移动和旋转工具将武士的骨骼进行调整，制作武士的行走姿势，如图9-197所示。在第45帧处将武士的行走姿势调整为如图9-198所示的效果，并将人物的骨骼向前移动一段距离。

步骤 8 将时间滑块移至第50帧处，将武士的骨骼调整为停下脚步的姿势，如图9-199所示。在第55帧处将人物的手部姿势制作为收手的动作，如图9-200所示。

图9-197 设置第40帧的行走姿势

图9-198 设置第45帧的行走姿势

图9-199 设置第50帧停下脚步的姿势

图9-200 设置第55帧收手的动作

步骤 9 按N键退出动画记录模式，右击，在弹出的快捷菜单中选择【全部不隐藏】命令，将场景模型显示出来，如图9-201所示。双击武士骨骼中心选中整个骨骼，右击，在弹出的快捷菜单中选择【隐藏选择对象】命令，将骨骼隐藏起来，如图9-202所示。

提示：【隐藏选择对象】就是将当前选择的对象隐藏起来，不在视图中显示渲染。

图9-201 显示场景模型

图9-202 隐藏骨骼

步骤 10 在视图中调整好人物的观察角度，拖动时间滑块播放预览动画，效果如图9-203所示。按F9键快速渲染动画场景，效果如图9-204所示。

图9-203 播放预览动画

图9-204 渲染动画场景

步骤 11 在播放预览动画时检查武士行走动作的连贯性，确认无误后打开【渲染设置】对话框，设置动画的渲染输出，当动画渲染到第0帧时，效果如图9-205所示。当动画渲染到第30帧时，画面效果如图9-206所示。

图9-205 渲染到第0帧的效果

图9-206 渲染到第30帧的效果

步骤 12 当动画渲染到第40帧时，武士的行走步伐效果如图9-207所示。当动画渲染到第55帧时，武士已经停下了脚步，画面效果如图9-208所示。

图9-207 渲染到第40帧的效果

图9-208 渲染到第55帧的效果

 实例83 使用变形器修改器制作眨眼动画

本例将介绍使用【变形器】修改器来制作人物眨眼动画的设置方法，主要通过在【自动关键点】模式下手动设置【变形器】修改器通道参数，并为睫毛设置旋转关键帧来实现。

第 9 章 两足与四足角色动画

学习目标

掌握【变形器】修改器目标对象的修改方法

掌握【变形器】修改器通道参数关键帧的设置方法

掌握使用【轨迹视图-曲线编辑器】窗口编辑动画曲线的操作方法

制作过程

资源路径：案例文件\Chapter 9\原始文件\制作眨眼动画\制作眨眼动画.max

案例文件\Chapter 9\最终文件\制作眨眼动画\制作眨眼动画.max

步骤1 在学习制作人物眨眼动画的方法之前，先打开动画的最终效果预览一下，如图9-209所示。从本书配套资源中打开原始场景文件，该场景包括一个卡通的哪吒人物模型，如图9-210所示。

图9-209 预览眨眼动画最终效果

图9-210 打开原始场景文件

步骤2 选择哪吒人物模型的身体部分，按住Shift键复制一个身体副本，如图9-211所示。选择副本对象，在修改器堆栈下拉列表框中选择【顶点】子对象层级，并单击【显示最终结果开/关切换】按钮 Ⅱ，然后移动调整眼睛上的顶点对象，制作闭眼动作，如图9-212所示。

图9-211 复制对象

图9-212 制作闭眼动作

步骤3 关闭当前选择集，选择哪吒人物身体原始对象，在修改器下拉列表框中选择【变形器】修改器，如图9-213所示。在【变形器】修改器的参数卷展栏中选择一个空白通道，右击，在弹出的快捷菜单中选择【从场景中拾取】命令，将修改后的副本对象拾取进来，如图9-214所示。

图9-213 选择【变形器】修改器

图9-214 拾取副本对象

步骤 4 按N键开启动画记录模式，将时间滑块移至第0帧处，设置人物眼睛的变形参数为0，如图9-215所示。将时间滑块移至第40帧处，设置变形参数为100，如图9-216所示。

图9-215 设置第0帧的参数

图9-216 设置第40帧的参数

步骤 5 将时间滑块移至第55帧处，设置人物眼睛的变形参数为0，在第65帧处也将人物的眼睛变形参数设置为0，如图9-217所示。将时间滑块移至第80帧处，设置变形参数为100，如图9-218所示。

图9-217 设置第55帧和第65帧的参数

图9-218 设置第80帧的参数

步骤 6 关闭动画记录模式，单击工具栏中的【曲线编辑器】按钮，打开【轨迹视图-曲线编辑器】对话框，如图9-219所示。全选哪吒的关键点对象，在菜单栏中选择【编辑】|【控制器】|【超出范围类型】命令，在弹出的对话框中设置关键点曲线类型为【循环】，如图9-220所示。

图9-219 打开【轨迹视图-曲线编辑器】对话框

图9-220 选择【循环】类型

提示：【往复】类型的曲线在动画重复范围内切换向前或是向后。【线性】类型在范围末端沿着切线到功能曲线来计算动画的值。

步骤 7 单击【确定】按钮，哪吒的轨迹曲线效果如图9-221所示。按N键开启动画记录，使用【选择并旋转】工具旋转哪吒的睫毛对象，为睫毛设置旋转关键帧，如图9-222所示。

步骤 8 设置好哪吒睫毛的旋转关键帧后，在场景中观察预览睫毛对象与眼睛的运动效果，分别如图9-223和图9-224所示。

图9-221 轨迹曲线效果

图9-222 设置睫毛的旋转关键帧

图9-223 睫毛运动效果

图9-224 眼睛运动效果

步骤 9 在场景中将哪吒的飘带对象复制两个副本，并分别调整它们的【顶点】对象，如图9-225所示。选择飘带原始对象，在修改器下拉列表框中选择【变形器】修改器，分别将这两个飘带副本对象拾取到通道中，如图9-226所示。

图9-225 复制并调整飘带

图9-226 拾取飘带副本到通道中

> 提示：在网格对象上，基础对象和目标上的顶点数必须相同。在面片或 NURBS 对象上，【变形器】修改器仅在控制点上起作用，这意味着可在基础对象上提高面片或 NURBS 曲面的分辨率，以便在渲染时增加细节。

步骤 10 按N键开启动画记录模式，将时间滑块移至第0帧处，设置变形参数，如图9-227所示。将时间滑块移至第60帧处，设置飘带的变形参数，如图9-228所示。

图9-227 设置飘带第0帧的参数

图9-228 设置飘带第60帧的参数

步骤 11 关闭动画记录模式，将复制出的飘带和身体对象隐藏，并按下数字8键，弹出【视口背景】对话框，设置视口背景图像，并将其显示出来，如图9-229所示。在视图中播放预览动画，效果如图9-230所示。

图9-229 显示背景图像

图9-230 播放动画

第 9 章 两足与四足角色动画

275

步骤 12 在检查完动画的准确性后，打开【渲染设置】对话框，设置动画的渲染输出参数，当动画渲染到第60帧时，画面效果如图9-231所示。当动画渲染到第115帧时，画面效果如图9-232所示。

图9-231 渲染到第60帧的效果

图9-232 渲染到第115帧的效果

实例 **84**　使用骨骼制作变色龙爬行动画

　　【骨骼】系统是骨骼对象的一个有关节的层次链接，可用于设置其他对象或层次的动画。在动画方面，非常重要的一点是要理解骨骼对象的结构。骨骼的几何体与其链接是不同的，每个链接在其底部都具有一个轴点，骨骼可以围绕该轴点旋转，移动子级骨骼时，实际上是在旋转其父级骨骼。本例将介绍为变色龙模型创建骨骼，然后为其设置爬行动作的操作方法。

学习目标

　　熟练掌握【骨骼】系统的创建和编辑方法

　　掌握【蒙皮】修改器的使用方法

　　掌握为【骨骼】对象设置动画的方法

制作过程

　　资源路径：案例文件\Chapter 9\原始文件\制作变色龙爬行动画\制作变色龙爬行动画.max

　　　　　　　案例文件\Chapter 9\最终文件\制作变色龙爬行动画\制作变色龙爬行动画.max

步骤 1 在讲解变色龙爬行动画的制作方法之前，先预览一下该动画的最终效果，如图9-233所示。从本书配套资源中打开变色龙模型的原始文件，如图9-234所示。

图9-233 变色龙爬行动画效果

图9-234 打开原始场景文件

步骤 2 选择【创建】|【系统】|【骨骼】命令，在【前】视图中创建变色龙尾巴部分的骨骼，如图9-235所示。分别选择每一个骨骼对象，在【修改】命令面板中设置骨骼对象的参数，如图9-236所示。

（侧边竖排）3ds Max 动画制作实例精讲教程

图9-235 创建骨骼对象

图9-236 设置骨骼对象参数

提示：启用【指定给子对象】复选框，则将在IK解算器列表框中命名的IK解算器指定给最新创建的所有骨骼（除第一个（根）骨骼之外）。如果禁用该复选框，则为骨骼指定标准的【PRS变换】控制器。默认设置为禁用状态。

步骤 3 在【骨骼鳍】选项组中启用每一个骨骼的【前鳍】和【后鳍】复选框，并设置鳍参数，如图9-237所示。在变色龙的臀部位置单击创建一个骨骼，它的创建参数及位置效果如图9-238所示。

图9-237 设置骨骼鳍参数

图9-238 创建臀部的骨骼及其参数

步骤 4 在骨骼参数卷展栏中设置【骨骼鳍】参数，如图9-239所示。按照相同的创建骨骼方法将变色龙整个脊椎上的骨骼创建出来，效果如图9-240所示。

图9-239 设置骨骼鳍参数

图9-240 创建脊椎上的骨骼

步骤5 在变色龙的头部位置上继续创建4个带有鳍的骨骼，用来制作头部和颈部的骨骼，如图9-241所示。在变色龙的四条腿的位置上创建骨骼，但不启用骨骼鳍，如图9-242所示。

图9-241 创建头部骨骼

图9-242 创建腿部骨骼

步骤6 选择变色龙模型，在修改器下拉列表框中选择【蒙皮】修改器，如图9-243所示。进入【蒙皮】修改器的参数卷展栏中，单击【添加】按钮，如图9-244所示。

图9-243 选择【蒙皮】修改器

图9-244 单击【添加】按钮

步骤7 在单击【添加】按钮后将弹出【选择骨骼】对话框，在该对话框中选择所有的骨骼，如图9-245所示。在【蒙皮】修改器参数卷展栏中选择一个添加的骨骼对象，将显示骨骼的封套对象，如图9-246所示。

图9-245 选择所有的骨骼对象

图9-246 选择封套对象

步骤 8 在视图中使用移动工具移动缩放封套对象上的点，将封套的大小和位置进行调整，完成后的效果如图9-247所示。按照相同的方法将其他骨骼上的封套也调整出来，并移动和旋转骨骼，将变色龙的姿势调整为如图9-248所示的效果。

步骤 9 按N键开启【自动关键点】模式，将时间滑块移至第8帧处，移动和旋转变色龙的骨骼，将变色龙向前爬行的动作制作出来，如图9-249所示。将时间滑块移至第15帧处，将变色龙的姿势调整为如图9-250所示的效果。

步骤 10 向前移动时间滑块至第30帧处，将头部的骨骼向右稍微旋转一定的角度，然后将变色龙四只脚的姿势调整为如图9-251所示的样子。在视图中拖动时间滑块可以预览到变色龙在第0～30帧中产生了爬行动作，在第20帧处将其尾巴上的骨骼旋转到左边，如图9-252所示。

图9-247 调整骨骼的封套　　　图9-248 完成其他骨骼封套的调整　　　图9-249 设置第8帧的姿势

图9-250 设置第15帧的姿势　　　图9-251 设置第30帧的动作姿势　　图9-252 在第20帧处设置尾巴的位置

步骤 11 将时间滑块移至第40帧处，制作变色龙的爬行动作姿势，如图9-253所示。将头部的骨骼继续向变色龙的右边旋转更大的角度，制作扭头的动作姿势，如图9-254所示。

图9-253 设置第40帧的爬行动作　　　　　　　图9-254 设置头部动作

步骤 12 将时间滑块移至第65帧处，使用旋转工具将变色龙的嘴部骨骼调整为张嘴的动作姿势，如图9-255所示。将时间滑块移至第105帧处，将变色龙的爬行动作调整为如图9-256所示的结果。

步骤 13 选择变色龙尾巴上的骨骼对象，使用旋转工具向右旋转一定角度，制作尾巴的左右摆摆效果，如图9-257所示。将时间滑块移至第150帧处，选择将颈部的骨骼向左旋转，制作变色龙向左扭头的效果，如图9-258所示。

图9-255 设置嘴部动作

图9-256 设置第105帧处的爬行动作

图9-257 制作尾巴左右摇摆效果

图9-258 设置第150帧的头部位置

步骤 14 在视图中来回拖动时间滑块,可以预览到在【自动关键点】模式下记录的变色龙爬行的动作,如图9-259所示。将变色龙的骨骼对象隐藏起来,单击【播放动画】按钮 ▶,在场景中播放预览动画,如图9-260所示。

图9-259 预览动画

图9-260 播放动画

步骤 15 在预览检查完动画的连贯性和准确性后,打开【渲染设置】对话框,设置动画的渲染输出,当动画渲染到第100帧时,画面效果如图9-261所示。当动画渲染到第140帧时,画面效果如图9-262所示。

图9-261 渲染到第100帧的效果

图9-262 渲染到第140帧的效果

第 10 章

空间扭曲动画

空间扭曲是一种能被自然现象或物理现象影响，但外观又不会被渲染出来的对象。在使用空间扭曲时，首先要利用【绑定到空间扭曲】（Bind to Space Warp）按钮，将对象与空间扭曲绑定起来，这样才能产生扭曲变形的效果。本章将详细讲解使用空间扭曲对象制作动画的方法。

实例 85　使用爆炸空间扭曲制作陨石爆炸动画

PBomb（爆炸）空间扭曲用于创建使粒子系统发生爆炸的冲击波，模拟对象的爆炸效果。下面将使用PBomb（爆炸）空间扭曲结合PArray（粒子阵列）对象，模拟制作陨石爆炸的动画效果。

学习目标

掌握PArray（粒子阵列）对象的使用方法
掌握PBomb（爆炸）空间扭曲参数的设置方法

制作过程

资源路径：案例文件\Chapter 10\原始文件\制作陨石爆炸动画\制作陨石爆炸动画.max
案例文件\Chapter 10\最终文件\制作陨石爆炸动画\制作陨石爆炸动画.max

步骤 1 在学习制作陨石爆炸动画的方法之前，先打开动画的最终效果预览一下，如图10-1所示。从本书配套资源中打开场景的原始文件，该场景包含一个陨石模型对象，如图10-2所示。

图10-1　预览陨石爆炸动画效果

图10-2　打开场景原始文件

步骤 2 进入【几何体】对象面板，选择【粒子系统】类型，单击【粒子阵列】按钮，在场景中创建一个粒子阵列对象，如图10-3所示。在【基本参数】卷展栏中单击【拾取对象】按钮，拾取陨石，指定陨石作为基于对象的粒子阵列发射器，如图10-4所示。

图10-3　创建粒子阵列对象

图10-4　拾取对象

步骤 3 选择创建的粒子阵列对象，进入其参数面板，展开【粒子类型】卷展栏，选择粒子类型，如图10-5所示。设置粒子的数量、厚度及视口显示参数，如图10-6所示。

图10-5 选择粒子类型

图10-6 设置粒子数量及厚度参数

提示：【厚度】参数用于设置碎片的厚度。值为0时，碎片是没有厚度的单面碎片。如果值大于0，碎片在破碎时将挤出指定的量。碎片的外表面和内表面使用相同的平滑度（从基于对象的发射器中选取），碎片的边不会平滑化。

步骤 4 单击【空间扭曲】按钮 ，展开【空间扭曲】对象面板，单击【粒子爆炸】按钮，在视图中创建一个爆炸空间扭曲，如图10-7所示。选择粒子对象，单击工具栏中的【绑定到空间扭曲】按钮 ，将粒子阵列对象绑定到爆炸对象上，如图10-8所示。

图10-7 创建爆炸空间扭曲

图10-8 绑定对象

步骤 5 选择创建的爆炸空间扭曲对象，进入"修改"命令面板，设置爆炸空间扭曲的参数，如图10-9所示。按M键快速打开【材质编辑器】对话框，为对象指定陨石材质，如图10-10所示。

图10-9 设置爆炸空间扭曲参数

图10-10 指定陨石材质

步骤 6 隐藏【Sphere01】对象，在视图中拖动时间滑块预览检查陨石动画，在第0帧处陨石还未发生爆炸，如图10-11所示。在第5帧处陨石的爆炸效果如图10-12所示。

图10-11 预览第0帧的陨石

图10-12 第5帧处陨石的爆炸动画

步骤 7 选择陨石碎片对象，在视图中右击，在弹出的快捷菜单中选择【对象属性】命令，弹出【对象属性】对话框，设置对象的运动模糊参数，如图10-13所示。在视图中按F9键快速渲染一次场景，运动模糊效果如图10-14所示。

图10-13 设置对象的运动模糊参数

图10-14 渲染运动模糊效果

步骤 8 将整个陨石对象的动画参数设置完成后，打开【渲染设置】对话框，设置动画的渲染输出参数。当动画渲染到第15帧时，画面效果如图10-15所示。当画面渲染到第20帧时，效果如图10-16所示。

图10-15 渲染到第15帧的效果

图10-16 渲染到第20帧的效果

提示：在渲染最终的效果图时，可以将图像的渲染尺寸设置得大一点，这样在输出后能提高像素质量，但同时也增加了渲染时间。

实例 86　使用旋涡空间扭曲制作沙漏动画

【旋涡】空间扭曲将力用于粒子系统，使它们在急转的旋涡中旋转，然后让它们向下移动成一个长而窄的喷流或者旋涡井。旋涡在创建黑洞、涡流、龙卷风和其他漏斗状对象时很有用，下面将介绍使用【旋涡】空间扭曲结合【超级喷射】制作沙漏动画的方法。

学习目标

掌握【超级喷射】粒子参数的设置

掌握【旋涡】空间扭曲对象的使用方法

制作过程

资源路径：案例文件\Chapter 10\原始文件\制作沙漏动画\制作沙漏动画.max

案例文件\Chapter 10\最终文件\制作沙漏动画\制作沙漏动画.max

步骤 1　在学习制作沙漏动画的设置方法之前，先打开该动画的最终效果预览一下，效果如图10-17所示。从本书配套资源中打开场景的原始文件，该场景中包括　个沙漏模型，效果如图10-18所示。

图10-17　沙漏动画效果

图10-18　打开场景原始文件

步骤 2　单击【粒子系统】对象面板中的【超级喷射】按钮，在场景中创建一个超级喷射对象，并将它的位置旋转到如图10-19所示的位置上，进入其【基本参数】卷展栏，设置喷射粒子参数，如图10-20所示。

图10-19　创建超级喷射对象

图10-20　设置喷射粒子参数

步骤3 展开【粒子生成】卷展栏，在【粒子数量】选项组中将【使用速率】设置为100，在【粒子运动】选项组中将【速度】设置为1，在【粒子计时】选项组中，将【发射开始】、【发射停止】、【显示时限】、【寿命】和【变化】分别设置为0、100、100、23、0，在【粒子大小】选项组中，将【大小】和【变化】分别设置为0.5、100，如图10-21所示。在视图中创建一个【半径】为0.5的球体对象，并将【材质编辑器】对话框中的沙石材质指定给球体和粒子系统，如图10-22所示。

图10-21 设置粒子生成参数

图10-22 创建球体对象并指定材质

步骤4 选择粒子系统，在【粒子类型】卷展栏中设置粒子类型为【实例几何体】，如图10-23所示。单击【拾取对象】按钮，在视图中拾取球体，如图10-24所示。

图10-23 选择粒子类型

图10-24 拾取球体对象

步骤5 在【创建】命令面板的【空间扭曲】对象面板中，单击【旋涡】按钮，在视图中创建一个旋涡空间扭曲对象，将它的位置旋转为与沙漏一个方向，如图10-25所示。单击【绑定到空间扭曲】按钮，将粒子对象与空间扭曲绑定到一起，如图10-26所示。

步骤6 将球体对象隐藏，打开【渲染设置】对话框，设置动画的渲染输出参数，当动画渲染到第20帧时，效果如图10-27所示。当动画渲染到第40帧时，画面效果如图10-28所示。

图10-25 创建旋涡对象

图10-26 绑定对象

图10-27 渲染第20帧的沙漏效果

图10-28 渲染第40帧的沙漏效果

实例 87　使用导向球空间扭曲制作丝巾飘落动画

在【导向板】对象面板中提供了多种类型的导向球和导向板对象，其中【导向球】空间扭曲起着球形粒子导向器的作用。【风】空间扭曲对象可以模拟风吹动粒子系统所产生的粒子效果。风力具有方向性，顺着风力箭头方向运动的粒子呈加速状；逆着箭头方向运动的粒子呈减速状。在球形风力情况下，运动朝向或背离图标。下面将介绍使用【导向球】结合【风】空间扭曲制作丝巾飘落的动画。

学习目标

掌握【导向球】的创建和使用方法

掌握【风】的创建和参数设置方法

制作过程

资源路径：案例文件\Chapter 10\最终文件\制作丝巾飘落动画\制作丝巾飘落动画.max

步骤 1 在学习制作丝巾飘落动画的方法之前，先打开该动画的最终效果预览一下，效果如图10-29所示。新建场景文件，并将其单位设置为【公制】|【厘米】，在【几何体】对象面板中单击【平面】按钮，在场景中创建一个【长度】与【宽度】均为73.0cm的平面，并将其【长度分段】与【宽度分段】均设置为30，如图10-30所示。

图10-29 丝巾飘落动画

图10-30 创建并设置平面

步骤2 按M键快速打开【材质编辑器】对话框，选择一个材质球，指定一个素材文件，并将制作好的丝巾材质应用给平面对象，如图10-31所示。选择平面对象，在修改器下拉列表框中选择【柔体】修改器，如图10-32所示。

图10-31 为平面指定材质

图10-32 选择【柔体】修改器

步骤3 进入【柔体】修改器的参数卷展栏中，将【参数】卷展栏中的【柔软度】设置为1，取消勾选【使用跟随弹力】和【使用权重】复选框，如图10-33所示。展开【简单软体】卷展栏，单击【创建简单软体】按钮，为平面创建一个软体，在【创建】命令面板的【空间扭曲】对象面板中单击【风】按钮，在视图中创建一个风对象，将它的位置调整为如图10-34所示的效果。

图10-33 设置【柔体】参数

图10-34 创建并调整【风】对象位置

步骤 4 单击【导向器】类别下的【导向球】按钮，创建一个【导向球】对象，如图10-35所示。选择平面对象，在【修改】命令面板中展开【力和导向球】卷展栏，单击【添加】按钮，将【风】对象和【导向球】对象添加到列表框中，如图10-36所示。

图10-35 创建【导向球】对象

图10-36 添加【风】对象和【导向球】对象

步骤 5 选择【风】对象，在其【参数】卷展栏中将【强度】设置为0.1，将【衰退】设置为0，将【湍流】设置为0.05，将【频率】设置为0.05，将【比例】设置为0.5，将【图标大小】设置为14.276cm，如图10-37所示。选择【导向球】对象，在其参数卷展栏中将【反弹】设置为0.1，将【变化】设置为50%，将【混乱度】设置为0.1%，将【摩擦】设置为1%，将【继承速度】设置为0.1，将【直径】设置为49.057cm，如图10-38所示。

图10-37 设置【风】参数

图10-38 设置【导向球】的参数

步骤 6 按Alt+B组合键，在弹出的【视口配置】对话框中选中【使用环境背景】单选按钮，如图10-39所示。将对话框关闭，选择一张背景图为视口背景，并适当地调整风和导向球的位置，如图10-40所示。

图10-39 【视口配置】对话框

图10-40 调整风和导向球位置

步骤 7 在视图中拖动时间滑块可以预览丝巾对象的变形效果，如图10-41所示。将时间滑块移至第20帧处，丝巾下落到导向球上产生更大的变形效果，如图10-42所示。

图10-41 预览动画

图10-42 丝巾变形效果

步骤 8 单击【时间配置】按钮，在弹出的【时间配置】对话框中将【结束时间】设置为40，如图10-43所示。在播放检查完动画的完整性后，打开【渲染设置】对话框，设置丝巾的渲染输出参数，当动画渲染到第20帧时，画面效果如图10-44所示。

图10-43 设置动画结束时间

图10-44 渲染第20帧的动画效果

实例88　使用马达空间扭曲制作泡泡动画

【马达】空间扭曲的工作方式类似于推力，但前者对受影响的粒子或对象应用的是转动扭矩而不是定向力。马达图标的位置和方向都会对围绕其旋转的粒子产生影响。下面将介绍使用【马达】与粒子系统结合制作泡泡动画的方法。

学习目标

掌握设置水泡材质的方法

掌握【马达】空间扭曲的使用方法

制作过程

资源路径：案例文件\Chapter 10\最终文件\制作泡泡动画\制作泡泡动画.max

步骤1 在学习制作泡泡动画的方法之前，先打开动画的最终效果预览一下，如图10-45所示。新建场景，在【几何体】对象面板中单击【球体】按钮，创建一个球体对象，并将其【半径】设置为5.0，如图10-46所示。

图10-45 泡泡动画效果

图10-46 创建球体对象

步骤2 按M键快速打开【材质编辑器】对话框，选择一个空白材质球，选择【各向异性】明暗器类型，并在【各向异性基本参数】卷展栏中取消【环境光】与【漫反射】之间的链接关系，将【环境光】的RGB值分别设置为84、0、0，将【漫反射】的RGB值分别设置为246、0、0，勾选【颜色】复选框，将其RGB值分别设置为241、100、89，如图10-47所示。在【反射高光】选项组中将【高光级别】设置为79，将【光泽度】设置为40，将【各向异性】设置为63，将【方向】设置为0，如图10-48所示。

图10-47 设置材质参数

图10-48 设置高光级别参数

步骤3 单击【自发光】后面的通道按钮，在弹出的对话框中选择添加的【衰减】贴图类型。进入【衰减】贴图的参数面板中将【衰减类型】设置为【朝向/背离】，如图10-49所示。单击【不透明度】后的通道按钮，在弹出的对话框中选择【衰减】贴图，并设置衰减参数，如图10-50所示。

步骤4 展开【贴图】卷展栏，单击【反射】通道按钮，在弹出的对话框中选择添加的【光线跟踪】材质类型，如图10-51所示，在【贴图】卷展栏中将【自发光】数量设置为95，将【不透明度】数量设置为80，将【反射】数量设置为20，如图10-52所示。

图10-49 添加【衰减】贴图

图10-50 设置【衰减】参数

图10-51 添加【光线跟踪】材质

图10-52 设置材质数量

步骤5 将材质指定给场景中的对象，在【创建】命令面板中单击【粒子云】按钮，在视图中创建一个粒子云对象，如图10-53所示。切换至【粒子生成】卷展栏，将【使用速率】设置为1，将【速度】设置为1，将【变化】设置为100%，选中【方向向量】单选按钮，分别将【X、Y、Z】设置为0、0、10，如图5-54所示。

图10-53 创建粒子云对象

图10-54 设置粒子生成参数

步骤6 在【粒子计时】和【粒子大小】选项组中将【发射停止】设置为100，将【显示时限】

设置为100，将【寿命】设置为101，将【变化】设置为0，将【大小】设置为1，将【变化】设置为100%，将【增长耗时】与【衰减耗时】均设置为0，如图10-55所示。在【粒子类型】卷展栏中选择【实例几何体】粒子类型，设置图标的长、宽、高的参数，如图10-56所示。

图10-55 设置粒子计时和大小

图10-56 设置粒子类型

步骤7 在【实例参数】卷展栏中单击【拾取对象】按钮，拾取球体对象并单击【材质来源】按钮，如图10-57所示。在【空间扭曲】对象面板中单击【马达】按钮，创建一个马达对象，如图10-58所示。

图10-57 拾取球体对象

图10-58 创建马达对象

步骤8 单击工具栏中的【绑定到空间扭曲】按钮，将粒子对象绑定到马达对象上，如图10-59所示。选择马达对象，在其参数卷展栏中将【结束时间】设置为100，将【基本扭矩】设置为226.211，勾选【启用反馈】和【启用】复选框，如图10-60所示。

图10-59 绑定对象

图10-60 设置马达参数

步骤9 按Alt+B组合键，在弹出的【视口配置】对话框中选中【使用环境背景】单选按钮，如图10-61所示。将其对话框关闭，选择一张背景图为视口背景，并调整透视图中的视图效果，如图10-62所示。

图10-61 【视口配置】对话框

图10-62 调整视图效果

步骤 10 设置完粒子动画参数后，打开【渲染设置】对话框，设置动画的渲染输出参数，单击【渲染】按钮渲染动画。当动画渲染到第50帧时，效果如图10-63所示。当动画渲染到第100帧时，画面效果如图10-64所示。

图10-63 渲染到第50帧的效果

图10-64 渲染到第100帧的效果

实例89 使用空间扭曲制作流水动画

使用超级喷射粒子系统和空间扭曲制作粒子流，通过在反射通道和折射通道指定位图和光线跟踪贴图来表现出液体的感觉。下面将讲解使用反射通道和折射通道指定位图和光线跟踪制作的方法。

学习目标

掌握反射通道和折射通道指定位图和光线跟踪空间扭曲的使用方法

制作过程

资源路径：案例文件\Chapter 10\原始文件\制作流水动画\制作流水动画.max
案例文件\Chapter 10\最终文件\制作流水动画\制作流水动画.max

步骤 1 从本书配套资源中打开流水动画的最终效果预览一下，效果如图10-65所示。

步骤 2 新建场景，选择【创建】|【几何体】|【粒子系统】|【超级喷射】命令，在【顶】视图中创建一个超级喷射粒子系统，如图10-66所示。

图10-65 流水动画效果

图10-66 创建超级喷射粒子系统

▊ 步骤3 设置【粒子系统】的参数。在【基本参数】卷展栏中,将【粒子分布】选项组中【轴偏离】下的【扩散】设置为2.0,将【平面偏离】下的【扩散】设置为180.0,将【显示图标】选项组中的【图标大小】设置为35.0,将【视口显示】下的粒子渲染类型设置为【网格】,如图10-67所示。

图10-67 设置粒子系统参数

▊ 步骤4 打开【粒子生成】卷展栏,在【粒子大小】选项组中,将【大小】设置为4.0,【变化】设置为20.0,【增长耗时】设置为6,【衰减耗时】设置为30,然后打开【粒子类型】卷展栏,在【粒子类型】选项组中设置粒子类型为【变形球粒子】,如图10-68所示。

图10-68 设置粒子生成参数

▊ 步骤5 激活【顶】视图,选择【创建】|【空间扭曲】|【重力】命令,在【顶】视图中所创建的超级喷射粒子系统的左侧创建一个重力系统,在【参数】卷展栏的【力】选项组中,将【强

度】设置为0.1，将图标大小设为10，如图10-69所示。

步骤6 在工具栏中单击【绑定到空间扭曲】按钮，在【顶】视图中，选择重力对象，将其绑定到粒子系统上，如图10-70所示。

图10-69 设置重力参数

图10-70 绑定对象

步骤7 在工具栏中单击【选择并旋转】按钮 ，再单击【角度捕捉切换】按钮 ，打开【角度捕捉】对话框，然后在视图中旋转粒子系统的角度，旋转后效果如图10-71所示。

步骤8 为创建的粒子流设置材质。在工具栏中单击【材质编辑器】按钮，打开【材质编辑器】对话框。单击第一个材质样本球，在【明暗器基本参数】卷展栏中将【明暗器类型】设置为【金属】。在【金属基本参数】卷展栏中将【反射高光】选项组中的【高光级别】和【光泽度】分别设置为34和76，如图10-72所示。

图10-71 旋转粒子系统

图10-72 设置基本参数

步骤9 打开【贴图】卷展栏，将【反射】通道的【数量】设置为60，然后单击它后面的【无】贴图按钮。在弹出的【材质/贴图浏览器】中选择【位图】贴图，然后单击【确定】按钮。再在打开的【选择位图图像文件】对话框中选择【水材质.JPG】素材图形，单击【打开】按钮。

步骤10 进入【反射】通道的位图层，在【坐标】卷展栏中将【模糊偏移】设置为0.01，然后在【位图参数】卷展栏中勾选【裁剪/放置】选项组中的【应用】复选框，将【U】、【V】、

【W】、【H】分别设置为0.225、0.209、0.427、0.791，选择需要的一部分，如图10-73所示。

▨▨ 步骤11 单击【转到父对象】按钮，回到父级材质面板，单击【折射】右侧的【无】按钮，在打开的【材质/贴图浏览器】中选择【光线跟踪】贴图，效果如图10-74所示，然后单击【确定】按钮，使用默认参数即可。然后单击【转到父对象】按钮，回到父级材质面板，再单击【将材质指定给选定对象】按钮，将材质指定给场景中的流水对象。

图10-73 设置参数

图10-74 添加【光线跟踪】贴图

▨▨ 步骤12 打开【渲染设置】对话框，设置动画的渲染输出参数，单击【渲染】按钮渲染输出动画。

实例90 使用路径跟随空间扭曲制作蝴蝶动画

　　【路径跟随】空间扭曲可以强制粒子对象沿着样条线路径运动。本例将介绍使用【路径跟随】空间扭曲与【超级喷射】粒子结合制作蝴蝶动画的方法。

学习目标

　　掌握【超级喷射】粒子参数的设置

　　掌握【路径跟随】空间扭曲对象的使用方法

制作过程

　　资源路径：案例文件\Chapter 10\原始文件\制作蝴蝶动画\制作蝴蝶动画.max

　　　　　　案例文件\Chapter 10\最终文件\制作蝴蝶动画\制作蝴蝶动画.max

▨▨ 步骤1 从本书配套资源中打开蝴蝶动画的最终效果预览一下，如图10-75所示。下面将讲解制作这个动画的设置方法，打开配套资源中提供的原始场景文件，效果如图10-76所示。

▨▨ 步骤2 选择【创建】|【图形】|【样条线】|【螺旋线】命令，在视图中绘制一条螺旋线，如图10-77所示。选择【创建】|【几何体】|【粒子系统】|【超级喷射】命令，在视图中绘制一条螺旋线，创建一个粒子发射器，如图10-78所示。

297

图10-75 蝴蝶动画效果

图10-76 打开原始场景文件

图10-77 绘制螺旋线

图10-78 创建粒子发射器

步骤3 选择超级喷射对象，在【基本参数】卷展栏中设置参数，如图10-79所示。在【粒子生成】卷展栏中设置粒子生成参数，效果如图10-80所示。

提示：【轴偏移】参数影响粒子流与 Z 轴的夹角【沿着 X 轴的平面】。Off Plane【平面偏移】影响围绕 Z 轴的发射角度。

步骤4 在【粒子大小】选项组中设置粒子的大小参数，如图10-81所示。展开【粒子类型】卷展栏，设置粒子类型为【实例几何体】，如图10-82所示。

图10-79 在【基本参数】卷展栏中设置参数

图10-80 设置粒子生成参数

步骤5 在【实例参数】选项组中，单击【拾取对象】按钮，在场景中拾取蝴蝶对象，然后单击【材质来源】按钮，将蝴蝶的材质获取一次，如图10-83所示。选择【创建】|【空间扭曲】|【力】|【路径跟随】命令。在场景中创建一个路径跟随空间扭曲对象，如图10-84所示。

步骤6 选择路径跟随空间扭曲对象，在【基本参数】卷展栏中单击【拾取图形对象】按钮，拾取螺旋线对象并设置相关参数，如图10-85所示。在工具栏中单击【绑定到空间扭曲】按

钮 ，将粒子对象绑定到路径跟随对象上，如图10-86所示。

图10-81 设置粒子大小参数

图10-82 设置粒子类型

图10-83 获取蝴蝶材质

图10-84 创建路径跟随空间扭曲对象

图10-85 拾取对象并设置参数

图10-86 绑定对象

步骤 7 调整【BUTT08】蝴蝶的位置，在视图中拖动时间滑块至第10帧处，按F9键渲染一次场景的画面，效果如图10-87所示。将动画的参数设置完成后，打开【渲染设置】对话框，设置动画的渲染输出参数，单击【渲染】按钮渲染输出动画。图10-88所示为其中某一帧的画面效果。

图10-87 渲染场景画面效果

图10-88 渲染输出动画

提示：在制作该场景时，需要将驱动程序改为【旧版openGL】，用户可以执行【自定义】|【首
选项】|【视口】命令，单击【选择驱动程序】按钮，在该对话框中选择【旧版openGL】。

实例91　使用泛方向导向板空间扭曲制作水珠动画

　　【重力】空间扭曲可以在粒子系统所产生的粒子上对自然重力的效果进行模拟，重力具有
方向性。沿重力箭头方向的粒子加速运动，逆着箭头方向运动的粒子呈减速状。【泛方向导向
板】空间扭曲是一种平面泛方向导向器类型，它能提供比原始导向器空间扭曲更强大的功能，
包括折射和繁殖能力。下面将介绍使用这两种空间扭曲与【粒子云】结合起来制作水珠动画的
操作方法。

学习目标

　　掌握【粒子云】的参数设置方法

　　掌握【重力】空间扭曲的使用方法

　　掌握【泛方向导向板】空间扭曲的使用方法

制作过程

　　　资源路径：案例文件\Chapter 10\原始文件\制作水珠动画\制作水珠动画.max

　　　　　　　案例文件\Chapter 10\最终文件\制作水珠动画\制作水珠动画.max

　　步骤1 从本书配套资源中打开水珠动画的最终文件，预览一下动画的最终效果，如图10-89
所示。打开本书配套资源中的原始文件，如图10-90所示。

　　步骤2 进入【粒子系统】对象面板，单击【粒子云】按钮，在视图中创建一个粒子云发射
器，在【基本参数】卷展栏中将【半径/长度】、【宽度】和【高度】分别设置为33、50、20，
在【视口显示】选项组中勾选【网格】单选按钮，如图10-91所示。在【粒子生成】卷展栏中，
将【使用速率】设置为3，将【粒子运动】选项组中的【速度】设置为1，如图10-92所示。

图10-89 水珠动画效果

图10-90 原始场景文件

　　步骤3 在【粒子计时】选项组中，将【发射开始】、【发射停止】、【显示时限】、【寿
命】和【变化】分别设置为-50、100、100、200、0，在【粒子大小】选项组中将【大小】和
【变化】分别设置为8、50，如图10-93所示。在【粒子类型】卷展栏中，设置类型为【变形球粒
子】，如图10-94所示。

3ds Max 动画制作实例精讲教程

图10-91 创建粒子云发射器

图10-92 设置粒子运动参数

图10-93 设置粒子计时和大小参数

图10-94 选择粒子类型

步骤4 进入【空间扭曲】对象面板中，单击【重力】空间扭曲按钮，创建一个重力对象，如图10-95所示。单击【绑定到空间扭曲】按钮，将粒子对象绑定到重力对象上，如图10-96所示。

步骤5 选择重力对象，在【参数】卷展栏中将【强度】设置为0.2，如图10-97所示。单击【泛方向导向板】空间扭曲按钮，在场景中创建一个泛方向导向板空间扭曲对象，并对其进行旋转，效果如图10-98所示。

图10-95 创建重力对象

图10-96 绑定对象

步骤6 单击【绑定到空间扭曲】按钮，将粒子对象绑定到泛方向导向板上，如图10-99所示。选择导向板对象，在【参数】卷展栏中的【反射】选项组中，将【反弹】设置为0.3，如图10-100所示。

图10-97 设置重力对象参数

图10-98 创建泛方向导向板对象

图10-99 绑定对象

图10-100 设置导向板反弹参数

步骤7 在【公用】选项组中，将【摩擦力】设置为50，如图10-101所示。选择粒子系统，按M键快速打开【材质编辑器】对话框，选择一个新的材质样本球，在【Blinn基本参数】卷展栏中将【不透明度】设置为0，在【反射高光】选项组中，将【高光级别】和【光泽度】分别设置为67、50，如图10-102所示。

图10-101 设置摩擦力参数

图10-102 设置材质参数

提示：【摩擦力】参数控制粒子沿导向板表面移动时减慢的量。数值0%表示粒子根本不会减慢；数值50%表示它们会减慢至原速度的一半；数值100%表示它们在撞击表面时会停止。默认值为0%，范围为0～100%。要使粒子沿导向板曲面滑动，需将【反弹】设置为0。

步骤8 展开【贴图】卷展栏，在【反射】和【折射】通道上添加【光线跟踪】贴图，并设置它们的贴图数量，如图10-103所示。设置完成后，单击【将材质指定给选定对象】按钮。在视图中选取一个好的观察角度，按F9键快速渲染一次场景的材质，效果如图10-104所示。

图10-103 添加【光线跟踪】贴图

图10-104 渲染材质效果

步骤9 将整个场景的动画参数设置完成后，打开【渲染设置】对话框，设置动画的渲染输出参数。当动画渲染到第30帧处时，得到的动画画面效果如图10-105所示。当渲染到第70帧处时，画面效果如图10-106所示。

图10-105 渲染到第30帧的效果

图10-106 渲染到第70帧的效果

实例92 使用导向板空间扭曲制作龙卷风动画

【导向板】空间扭曲起着平面防护板的作用，它能排斥由粒子系统生成的粒子。例如，使用导向板可以模拟被雨水敲击的公路。将【导向板】空间扭曲和【重力】空间扭曲结合在一起可以产生瀑布和喷泉效果。下面将介绍使用【导向板】与【旋涡】对象结合制作龙卷风动画的操作方法。

学习目标

掌握【粒子阵列】空间扭曲参数的设置方法

掌握【导向板】空间扭曲的创建方法和设置方法

掌握【旋涡】对象的使用方法

制作过程

资源路径：案例文件\Chapter 10\原始文件\制作龙卷风动画\制作龙卷风动画.max

案例文件\Chapter 10\最终文件\制作龙卷风动画\制作龙卷风动画.max

步骤1 在讲解制作龙卷风动画的制作过程之前，先打开本书配套资源中的龙卷风动画最终效果预览一下，如图10-107所示。打开本书配套资源中的原始场景文件，效果如图10-108所示。

图10-107 龙卷风动画效果   图10-108 原始场景文件

步骤2 在【几何体】对象面板中单击【圆环】按钮，在场景中创建一个圆环对象，如图10-109所示。按N键开启动画记录模式，使用移动工具按钮移动圆环对象，设置圆环的移动关键帧，在视图中观察它的运动轨迹，如图10-110所示。设置完成后，关闭动画记录模式。

图10-109 创建圆环对象   图10-110 设置圆环的移动关键帧

步骤3 在【粒子系统】对象面板中单击【粒子阵列】按钮，在视图中创建一个粒子阵列对象，如图10-111所示。选择粒子阵列对象，在【粒子生成】卷展栏中，将【粒子运动】选项组中的【速度】设置为1，在【粒子计时】选项组中将【发射开始】、【发射停止】、【显示时限】、【寿命】和【变化】分别设置为0、301、301、200、0，在【粒子大小】选项组中，将【大小】和【变化】设置为8、25，如图10-112所示。

图10-111 创建粒子阵列对象

图10-112 设置粒子参数

步骤4 在【粒子类型】卷展栏中选中【实例几何体】单选按钮,如图10-113所示。单击【球体】按钮,在场景中创建一个球体对象,如图10-114所示,在【参数】卷展栏中将【半径】设置为2.105,将【分段】设置为9。

图10-113 选中【实例几何体】单选按钮

图10-114 创建球体对象

步骤5 选择粒子系统,在【粒子类型】卷展栏中单击【拾取对象】按钮,拾取球体对象,如图10-115所示。在【基本参数】卷展栏中单击【拾取对象】按钮,拾取圆环对象,如图10-116所示。

图10-115 拾取球体对象

图10-116 拾取圆环对象

步骤6 在视图中拖动时间滑块预览粒子动画，效果如图10-117所示。在【空间扭曲】对象面板中，单击【旋涡】按钮，创建一个旋涡对象，并在【参数】卷展栏中，将【计时】选项组中的【结束时间】设置为301，在【捕获和运动】选项组中，将【轴向下拉】设置为0.16，将其下方的【阻尼】设置为3，将【轨道速度】设置为0.18，将其下方的【阻尼】设置为7.9，将【径向拉力】设置为0.08，如图10-118所示。

图10-117 预览粒子运动效果

图10-118 创建旋涡对象并设置参数

提示：使用空间扭曲设置可以控制旋涡外形、特性，以及粒子捕获的比率和范围。粒子系统设置（如速度）也会对旋涡的外形产生影响。

步骤7 单击【绑定到空间扭曲】按钮，将粒子对象绑定到旋涡对象上，此时粒子对象发生了变化，如图10-119所示。单击【导向板】按钮，在视图中创建一个导向板对象，如图10-120所示。

图10-119 绑定到旋涡对象

图10-120 创建导向板对象

步骤8 单击【绑定到空间扭曲】按钮，将粒子对象绑定到导向板上，效果如图10-121所示。拖动时间滑块至第120帧处，可以看到粒子对象沿着旋涡方向扭曲发射，如图10-122所示。

步骤9 按M键打开【材质编辑器】对话框，将已经制作好的沙粒材质应用给粒子对象，按F9键快速渲染动画，画面效果如图10-123所示。在所有的动画参数设置完成后，打开【渲染设置】对话框，设置动画的渲染输出，图10-124所示为其中某一帧的效果。

图10-121 绑定板对象

图10-122 粒子运动效果

图10-123 渲染动画效果

图10-124 渲染输出动画

实例 93　使用阻力空间扭曲制作香烟动画

【阻力】空间扭曲是一种在指定范围内按照指定量来降低粒子速率的粒子运动阻尼器。应用阻尼的方式可以是线性、球形或者柱形。阻力在模拟风阻、致密介质（如水）中的移动、力场的影响，以及其他类似的情景时非常有用。下面将讲解使用【阻力】空间扭曲制作香烟动画的方法。

学习目标

掌握【超级喷射】粒子的参数设置方法

掌握【阻力】空间扭曲的使用方法

掌握【风】对象的创建和使用方法

制作过程

资源路径：案例文件\Chapter 10\原始文件\制作香烟动画\制作香烟动画.max

案例文件\Chapter 10\最终文件\制作香烟动画\制作香烟动画.max

步骤 1 在学习制作香烟动画的方法之前，先打开场景的最终文件预览一下，效果如图10-125所示。从本书配套资源中打开香烟场景的原始文件，如图10-126所示。

图10-125 香烟动画效果

图10-126 打开香烟场景文件

步骤 2 选择【创建】|【几何体】|【粒子系统】|【超级喷射】命令，在【顶】视图中创建一个超级喷射粒子对象，如图10-127所示。创建完成后，在【基本参数】卷展栏中将【轴偏离】下的【扩散】设置为1，将【平面偏移】下的【扩散】设置为180，将【图标大小】设置为8，选中【网格】单选按钮，将【粒子数百分比】设置为50，如图10-128所示。

图10-127 创建超级喷射粒子对象

图10-128 设置基本参数

步骤 3 设置完成后，打开【粒子生成】卷展栏，设置粒子生成的参数，如图10-129所示。再打开【粒子类型】卷展栏，在该卷展栏中选中【面】单选按钮，如图10-130所示。

图10-129 设置粒子生成参数

图10-130 选中【面】单选按钮

步骤 4 在视图中拖动时间滑块可以预览超级喷射粒子的发射效果，如图10-131所示。按M键打开【材质编辑器】对话框，为对象应用一个已经制作好的烟雾材质，在场景中预览烟雾的效果，如图10-132所示。

图10-131 粒子发射效果

图10-132 应用烟雾材质

步骤5 选择【创建】|【空间扭曲】|【力】|【风】命令，在场景中创建一个风对象，并使用【选择并旋转】工具对其进行调整，如图10-133所示。在视图中选中粒子对象，调整其位置，在工具栏中单击【绑定到空间扭曲】按钮▒，将粒子绑定到风对象上，效果如图10-134所示。

图10-133 创建风对象

图10-134 绑定对象

提示：风力在效果上类似于【重力】空间扭曲，但前者添加了一些湍流参数和其他自然界中风的功能特性。风力也可以用做动力学模拟中的一种效果。

步骤6 选择风对象，在其【参数】卷展栏中将【强度】设置为0.01，将【湍流】、【频率】、【比例】分别设置为0.04、0.26、0.03，如图10-135所示。选择【创建】|【空间扭曲】|【力】|【阻力】命令，创建一个阻力对象，如图10-136所示，并在视图中调整其位置。

图10-135 设置风的参数

图10-136 创建阻力对象

步骤7 在视图中选中粒子对象，调整其位置，在工具栏中单击【绑定到空间扭曲】按钮▒，将粒子绑定到阻力对象上，如图10-137所示。在视图中选择阻力对象，在【参数】卷展栏中将【开始时间】和【结束时间】分别设置为-100、300，将【X轴】、【Y轴】、【Z轴】分别设置为1、1、3，进入阻力对象的参数面板中，设置它的参数，如图10-138所示。

步骤8 在场景中拖动时间滑块预览整个香烟的烟雾动画，在一开始时，香烟发出少量的烟雾，如图10-139所示。继续将时间滑块向前拖动，可以观察到整个烟雾在运动，如图10-140所示。

图10-137 绑定对象

图10-138 设置阻力参数

> 提示：【线性阻尼】参数用于控制各个粒子的运动被分离到空间扭曲的局部X、Y和Z轴向量中。在其上对各个向量施加阻尼的区域是一个无限的平面，其厚度由相应的【范围】设置决定。

图10-139 预览少量烟雾效果

图10-140 烟雾运动效果

步骤9 在预览了整个动画效果后，打开【渲染设置】对话框，设置动画的渲染输出参数，然后单击【渲染】按钮渲染动画。在渲染到第150帧时，画面效果如图10-141所示。当渲染到第300帧时，画面效果如图10-142所示。

图10-141 渲染到第150帧的效果

图10-142 渲染到第300帧的效果

实例94　使用涟漪空间扭曲制作波纹动画

【涟漪】空间扭曲可以在整个世界空间中创建同心波纹。它影响几何体和产生作用的方式与涟漪修改器相同。下面将讲解使用【涟漪】空间扭曲制作水面波纹效果的方法。

学习目标

掌握【影响区域】修改器的使用方法

掌握【涟漪】空间扭曲的使用方法

制作过程

资源路径：案例文件\Chapter 10\原始文件\制作波纹动画\制作波纹动画.max

案例文件\Chapter 10\最终文件\制作波纹动画\制作波纹动画.max

步骤 1 在制作波纹动画之前，先打开动画的最终效果预览一下，效果如图10-143所示。从本书配套资源中打开波纹动画的原始文件，如图10-144所示。

图10-143　波纹动画效果

图10-144　打开的场景文件

步骤 2 在视图中选择长方体对象，切换至【修改】命令面板，在修改器下拉列表框中选择添加【影响区域】修改器，如图10-145所示。在【参数】卷展栏中将【衰退】设置为159.192，如图10-146所示。

图10-145　添加【影响区域】修改器

图10-146　设置修改器参数

步骤 3 选择【创建】|【空间扭曲】|【几何/可变形】|【涟漪】命令，在视图中创建一个涟漪对象，并在视图中调整其位置，如图10-147所示。选择涟漪对象，在【参数】卷展栏中设置其参数，如图10-148所示。

图10-147 创建涟漪空间扭曲　　　　　　　　图10-148 设置涟漪参数

> 提示：拖动操作设置的振幅值会相等地应用在所有方向中。涟漪的振幅1和振幅2参数的初始值是相等的。将这些参数设置为不等的数值，可以创建一种振幅相对于空间扭曲的局部 X 轴和 Y 轴有所变化的涟漪。

步骤4 在视图中选择长方体，在工具栏中单击【绑定到空间扭曲】按钮，将长方体对象绑定到涟漪对象上，如图10-149所示。将时间滑块拖动至第0帧处，按N键打开关键点记录模式，在视图中选择长方体对象，切换至【修改】命令面板，选择【影响区域】修改器，在【参数】面板中将【收缩】、【膨胀】分别设置为-0.2、-0.1，如图10-150所示。

图10-149 绑定对象　　　　　　　　　　图10-150 在第0帧处设置影响区域的参数

步骤5 将时间滑块拖动至第100帧处，在【参数】面板中将【收缩】、【膨胀】分别设置为2、1.24，如图10-151所示。按N键关闭自动关键点记录模式，按F10键，弹出【渲染设置】对话框，设置动画输出参数，当动画渲染到第70帧时，画面效果如图10-152所示。

图10-151 在第100帧处设置影响区域的参数　　　　图10-152 渲染到第70帧的效果

3ds Max 动画制作实例精讲教程

实例 95   使用波浪空间扭曲制作鱼儿动画

【波浪】空间扭曲可以在整个世界空间中创建线性波浪，它影响几何体和产生作用的方式与【波浪】修改器相同。下面将介绍使用【波浪】空间扭曲与【波浪】修改器制作鱼儿在水中游动效果的方法。

学习目标

掌握【波浪】修改器的应用

掌握【波浪】空间扭曲的参数设置方法

制作过程

资源路径：案例文件\Chapter 10\原始文件\制作鱼儿动画\制作鱼儿动画.max

案例文件\Chapter 10\最终文件\制作鱼儿动画\制作鱼儿动画.max

步骤 1 在讲解使用【波浪】空间扭曲对象制作动画的方法之前，先打开本例的最终效果预览一下，如图10-153所示。下面就来讲解这个动画的制作方法，从本书配套资源中打开场景的原始文件，如图10-154所示。

图10-153 鱼儿动画效果

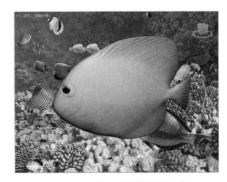

图10-154 打开原始场景文件

步骤 2 选择鱼儿模型，在修改器下拉列表框中选择【网格选择】修改器，如图10-155所示。选择【网格选择】修改器的【顶点】子对象层级，将鱼儿的鳍和尾巴上的顶点选中，单击软选择，选择使用软选择，选择影响背面，设置影响背面为84.2、0、0，如图10-156所示。

图10-155 添加【网格选择】修改器

图10-156 选择顶点对象

步骤 3 在修改器下拉列表框中继续添加一个【波浪】修改器，在它的【参数】卷展栏中设置参数，如图10-157所示。按N键开启动画记录模式，在第100帧的位置上设置波浪参数，如图10-158所示。

步骤4 在【空间扭曲】对象面板中，单击【波浪】空间扭曲按钮，在场景中创建一个波浪对象，如图10-159所示。在工具栏中单击【绑定到空间扭曲】按钮，将鱼儿绑定到空间扭曲对象上，此时的效果如图10-160所示。

步骤5 选择波浪空间扭曲对象，开启动画记录模式，在第0帧处设置波浪空间扭曲对象的参数，如图10-161所示。将时间滑块移至第30帧处，设置波浪空间扭曲的参数，如图10-162所示。

图10-157 添加【波浪】修改器

图10-158 在第100帧设置波浪的关键帧参数

图10-159 创建波浪对象

图10-160 绑定对象

图10-161 设置第0帧的波浪参数

图10-162 设置第30帧的波浪空间扭曲参数

提示：【相位】参数用于控制在波浪对象中央的原点开始偏移波浪的相位。整数值无效，仅小数值有效。设置该参数的动画会使波浪看起来像是在空间中传播。

步骤6 将时间滑块移至第40帧处，设置波浪空间扭曲的参数，如图10-163所示。将时间滑块移至第100帧处，设置空间扭曲对象的参数，如图10-164所示。

步骤 7 返回到第0帧，选择鱼儿模型，将它移动到右下角的位置，如图10-165所示。将时间滑块移至第100帧处，将鱼儿模型移动到左上角，使它产生位移关键帧，如图10-166所示。

步骤 8 在设置完整个鱼儿的动画参数后，打开【渲染设置】对话框，设置动画的渲染输出参数，单击【渲染设置】按钮渲染输出动画。当动画渲染到第40帧时，效果如图10-167所示。当动画渲染到第70帧时，效果如图10-168所示。

图10-163 设置第40帧的参数

图10-164 设置第100帧的参数

图10-165 设置鱼儿第0帧的位置

图10-166 设置鱼儿第100帧的位置

图10-167 渲染到第40帧的效果

图10-168 渲染到第70帧的效果

第11章

片头动画

在本章的学习中将让读者充分了解粒子系统的使用技巧和火焰效果的表现，光效在片头动画中是最常用的效果之一，在此将为读者介绍光效在片头动画中的妙用，另外，还将为读者介绍视频合成器强大的特效功能。

实例 96　使用文本工具制作文字效果

本例将介绍通过文本工具创建案例中的主题文字与副标题文字效果，并根据材质编辑器为创建的文字赋予金属材质，让文字效果更具观赏性。

学习目标

掌握【文本】工具的使用方法

制作过程

资源路径：案例文件\Chapter 11\最终文件\制作文字效果\制作文字效果.max

■■■ 步骤 1 在讲解制作文学效果方法之前，首先打开本例的最终文件，预览一下文字的效果，如图11-1所示。新建一个空白的场景文件，在视图底部的【时间控制】工具栏中单击【时间配置】按钮，打开【时间配置】对话框，在【动画】区域将【结束时间】设置为180帧，单击【确定】按钮，如图11-2所示。

图11-1　制作文字效果

图11-2　【时间配置】对话框

■■■ 步骤 2 将【单位】设置为【通用单位】，选择【创建】|【图形】|【文本】命令，在【参数】卷展栏中的字体列表中选择【方正大黑简体】，在【文本】输入框中输入【德育卫视】，将【大小】设置为100，将【字间距】设置为20，并将它命名为【主标题】，然后在【前】视图中创建文字，如图11-3所示。单击【倒角】按钮进入修改命令面板，为文字设置倒角，选择【修改器列表】|【倒角】修改器，在【倒角值】卷展栏中将【起始轮廓】设置为-0.2，将【级别1】下的【高度】和【轮廓】分别设置为2、2.5，勾选【级别2】复选框，将它下面的【高度】值设置为8，勾选【级别3】复选框，将它下面的【高度】、【轮廓】分别设置为2、-2.5，如图11-4所示。

■■■ 步骤 3 选择【修改器列表】|【编辑网格】修改器，将当前选择集定义为【多边形】，在【顶】视图中选择文字侧面的多边形面，在【曲面属性】卷展栏中将材质ID设置为1，如图11-5所示。在菜单栏中选择【编辑】|【反选】命令，反转选择区，将选择的多边形的材质ID设置为2，如图11-6所示。

图11-3 创建文字

图11-4 设置倒角值

图11-5 设置多边形面的材质ID

图11-6 设置多边形的材质ID

步骤4 选择【主标题】对象。按M键打开【材质编辑器】对话框，在该对话框中单击【Standard】按钮，在打开的【材质/贴图浏览器】对话框中选择【多维/子对象】材质，如图11-7所示。单击【确定】按钮，在【多维/子对象基本参数】卷展栏中单击【设置数量】按钮，在打开的【设置材质数量】对话框中将【材质数量】设置为2，如图11-8所示。

图11-7 文字的多维/子对象材质

图11-8 设置材质数量

3ds Max 动画制作实例精讲教程

步骤 5 单击【ID 1】后面的材质按钮，进入该材质层，在【明暗器基本参数】卷展栏中，将阴影模式定义为【金属】。在【金属基本参数】卷展栏中，将【环境光】的RGB值分别设置为240、60、0；将【漫反射】的RGB值分别设置为255、255、0，将【自发光】值设置为20，将【高光级别】和【光泽度】分别设置为92、76，如图11-9所示。在【扩展参数】卷展栏中，在【衰减】区域选择【外】单选按钮，将【过滤】色的RGB值分别设置为245、255、0。打开【贴图】卷展栏，单击【反射】通道右侧的【无】按钮，在打开的【材质/贴图浏览器】中选择【位图】贴图，单击【确定】按钮，再在打开的对话框中选择配套资源中的Golds.Jpg文件，如图11-10所示。

图11-9 设置材质参数

图11-10 选择贴图

　　步骤 6 连续单击 按钮回到材质的最上层，单击【ID 2】右侧的材质按钮，在弹出的【材质/贴图浏览器】对话框中选择【标准】材质，如图11-11所示。单击【确定】按钮，在【明暗器基本参数】卷展栏中，将阴影模式定义为【金属】，在【金属基本参数】卷展栏中，将【环境光】的RGB值分别设置为240、60、0，将【漫反射】的RGB值分别设置为255、215、0，将【高光级别】和【光泽度】分别设置为85、87，如图11-12所示。

图11-11 设置【ID2】材质

图11-12 设置【ID2】材质

步骤7 在【扩展参数】卷展栏中，选中【衰减】区域的【外】单选按钮，将【过滤】色的RGB值分别设置为245、255、0。打开【贴图】卷展栏，单击【反射】通道右侧的【无】按钮，在打开的【材质/贴图浏览器】对话框中选择【位图】贴图，单击【确定】按钮，再在打开的对话框中选择配套资源中的Golds.jpg文件，单击【打开】按钮，进入反射通道。将时间滑块移至第180帧位置，单击【自动关键点】按钮，开启动画记录模式，将【瓷砖】的U、V值都设置为2.8，如图11-13所示。单击【自动关键点】按钮，退出动画记录模式，完成材质设置后单击🔳按钮，然后单击【在适口中显示标准贴图】按钮🔳，制作的材质如图11-14所示。

图11-13 设置关键点

图11-14 制作的材质

步骤8 选择【文本】选项，在【参数】卷展栏中的字体列表中选择【方正隶变简体】，将【大小】和【字间距】分别设置为75、20，在【文本】输入框中输入【体育综合频道】，在【前】视图中【德育卫视】的下面创建文字，将创建的文字命名为【副标题】，如图11-15所示。进入【修改】命令面板，选择【修改器列表】|【倒角】修改器，在【倒角值】卷展栏中将【级别1】下的【高度】、【轮廓】分别设置为0、2；勾选【级别2】复选框，将它下面的【高度】值设置为5；勾选【级别3】复选框，将它下面的【高度】和【轮廓】分别设置为3、-1.5，如图11-16所示。

图11-15 创建文字

图11-16 添加倒角并设置倒角值

步骤9 选择【副标题】对象。在工具栏中单击🔳按钮打开【材质编辑器】对话框，在【明暗器基本参数】卷展栏中将阴影模式定义为【金属】。在【金属基本参数】卷展栏中，将【环境光】的RGB值分别设置为242、57、0；将【漫反射】的RGB值分别设置为253、53、0，将【高光级别】和【光泽度】分别设置为92、76，如图11-17所示。在【扩展参数】卷展栏中选择【衰减】选项组中的【外】单选按钮，如图11-18所示，将【过滤】的RGB值分别设置为246、255、0。

图11-17 设置材质1

图11-18 设置材质2

步骤10 打开【贴图】卷展栏，单击【反射】通道右侧的【无】按钮，在打开的【材质/贴图浏览器】对话框中选择【位图】贴图，单击【确定】按钮，在打开的对话框中选择配套资源中的Golds.jpg文件，单击【打开】按钮，进入反射通道，在【坐标】卷展栏中将【模糊偏移】值设置为0.016，如图11-19所示。完成材质设置后单击【将材质指定给选定对象】按钮，将材质指定给文字，效果如图11-20所示。

图11-19 设置材质3

图11-20 制作材质后的效果

 实例97 使用关键点创建摄影机动画

本案例主要通过设置关键点为文字创建摄影机动画效果，使文字的开始位置与结束位置发生变化。

学习目标

掌握使用关键点
掌握使用涟漪工具

制作过程

资源路径：案例文件\Chapter 11\最终文件\制作摄影机动画\制作摄影机动画.max

▨ 步骤1 从本书配套资源中打开场景文件，该文件是上一个案例的最终文件效果，如图11-21
所示。选择【目标】选项，在【顶】视图中创建一架目标摄影机，将它的【镜头】值设置为
37.738mm，右击激活透视图，按C键将该视图转换为摄影机视图，然后在【前】以及【左】视图
中调整摄影机的位置，如图11-22所示。

图11-21 打开场景文件

图11-22 创建并调整摄影机位置

▨ 步骤2 将时间滑块移至第76帧位置，单击【自动关键点】按钮，启动动画记录模式，在工
具栏中选择【选择并移动】选项，在视图中调整摄影机位置，如图11-23所示。单击【自动关键
点】按钮，退出动画记录模式，将时间滑块移至第0帧位置，选择【德育卫视】字体对象，在
【顶】视图中调整文字的位置，如图11-24所示。

图11-23 在视图中调整摄影机位置

图11-24 调整文字位置

▨ 步骤3 将时间滑块移至第40帧位置，单击【自动关键点】按钮，启动动画记录模式，在
【前】视图中调整文字位置，如图11-25所示。将时间滑块移至第80帧位置，在【顶】视图中调
整文字的位置，如图11-26所示。

▨ 步骤4 单击【自动关键点】按钮，关闭动画记录模式。在【顶】视图中沿Y轴将【体育综
合频道】文字对象调整至合适的位置，如图11-27所示。将当前时间滑块移至第110帧位置，单击
【自动关键点】按钮，开启动画记录模式，在【顶】视图中沿Y轴将文字调整至合适的位置，如
图11-28所示。

图11-25 调整第40帧文字位置

图11-26 调整第80帧文字位置

图11-27 沿Y轴调整文字位置

图11-28 调整第110帧文字位置

步骤 5 在轨迹条中将第0帧处的关键帧调整至第60帧，该文字从第60帧开始出现在镜头中，如图11-29所示。选择【几何/可变形】|【涟漪】命令，在【顶】视图中创建一个涟漪空间扭曲物体，在【涟漪】选项组中将【振幅1】、【振幅2】、【波长】分别设置为10、15、270，将【显示】选项组下的【圈数】、【分段】和【尺寸】分别设置为10、16、4，如图11-30所示。

图11-29 调整对象位置

图11-30 创建涟漪对象

步骤6 在工具栏中选择【绑定到空间扭曲】工具，选择【体育综合频道】文字，在该文字上按住鼠标左键向空间扭曲物体上拖动，将文字绑定到空间扭曲物体上，使文字产生波浪扭曲的运动效果，如图11-31所示。将时间滑块拖至第180帧的位置，单击【自动关键点】按钮，开启动画记录模式。在视图中调整对象的位置，如图11-32所示。

第 11 章 片头动画

图11-31 绑定对象　　　　　　　　　　　图11-32 调整对象位置

实例98　使用大气装置制作火焰效果

本例主要通过在大气中添加【体积光】和【火效果】来制作火燃烧和体积光的效果。

学习目标

掌握使用【球体Gizmo】的方法

掌握使用【目标聚光灯】的方法

制作过程

资源路径：案例文件\Chapter 11\最终文件\制作火焰效果\制作火焰效果.max

步骤1 选择【大气装置】|【球体Gizmo】命令，在【球体Gizmo 参数】卷展栏中勾选【半球】复选框，在【顶】视图中创建一个半球线框，将【半径】值设置为107，如图11-33所示。在工具栏中选择【选择并均匀缩放】选项，对【球体Gizmo】对象进行非等比缩放使其接近火舌的形状，如图11-34所示。

图11-33 创建【球体Gizmo】　　　　　　图11-34 调整【球体Gizmo】形状

步骤2 选择创建的【球体Gizmo】，按Shift键的同时向右拖动鼠标，复制【球体Gizmo】对象，并调整复制后的对象，如图11-35所示。按8键，打开【环境编辑器】对话框，在【大气】卷展栏中单击【添加】按钮，在打开的【环境和效果】对话框中选择【火效果】，单击【确定】按钮，添加一个火焰效果，如图11-36所示。

图11-35 调整复制后的【球体Gizmo】　　　　　　图11-36 添加【火效果】

步骤3 在【火效果参数】卷展栏中单击【拾取 Gizmo】按钮，并在视图中选择6个半球线框；在【颜色】下将【内部颜色】的RGB值分别设置为255、60、0，将【外部颜色】的RGB值分别设置为255、50、0，将【烟雾颜色】的RGB值分别设置为26、26、26；在【图形】区域下选择【火舌】单选按钮，将【拉伸】值设置为1；在【特性】区域下将【火焰大小】、【火焰细节】、【密度】、【采样】分别设置为45、3、33.8、10，如图11-37所示。将时间滑块移至第180帧的位置处，单击【自动关键点】按钮，开启动画记录模式，将【动态】区域下的【相位】和【漂移】分别设置为268、90，如图11-38所示。单击【自动关键点】按钮，关闭动画记录模式。

图11-37 设置火效果参数　　　　　　图11-38 设置动态参数

步骤4 选择【泛光】选项，在场景中创建一盏泛光灯，在【强度/颜色/衰减】卷展栏中将【倍增】值设置为1.3，将灯光颜色的RGB值分别设置为147、177、177，如图11-39所示。再次创建一个泛光灯，在【强度/颜色/衰减】卷展栏中将【倍增】值设置为0.8，将灯光颜色的RGB值分别设置为137、137、137；勾选【远距衰减】区域的【使用】和【显示】复选框，将【开始】和【结束】分别设置为425、712，如图11-40所示。

图11-39 创建泛光灯并设置参数1

图11-40 创建泛光灯并设置参数2

步骤 5 将时间滑块调至第120帧的位置，单击【自动关键点】按钮，启用动画记录模式。在视图中调整灯光的位置，如图11-41所示。关闭【自动关键点】按钮，然后将第0帧处的关键点调至第60帧的位置，如图11-42所示。

图11-41 调整灯光位置

图11-42 调整关键点

步骤 6 选择【目标聚光灯】选项，在【顶】视图中创建一盏目标聚光灯，如图11-43所示，切换至【修改】命令面板，在【常规参数】卷展栏中勾选【阴影】区域的【启用】复选框，在【强度/颜色/衰减】卷展栏中将【倍增】值设置为2.87，将灯光颜色RGB值分别设置为0、0、0，在【聚光灯参数】卷展栏中将【聚光区/光束】和【衰减区/区域】分别设置为16.5、25.5，选择【矩形】单选按钮，将【纵横比】设置为6.7，如图11-44所示。

图11-43 创建目标聚光灯

图11-44 设置目标聚光灯参数

步骤 7 将时间滑块移至第110帧位置，单击【自动关键点】按钮，开启动画记录模式，在【强度/颜色/衰减】卷展栏中将灯光颜色的RGB值分别设置为180、180、180；勾选【远距衰减】

区域的【使用】和【显示】复选框，并将【开始】和【结束】分别设置为450、1000；然后将第0帧处的关键帧移至第100帧位置处，如图11-45所示。将时间滑块移动至第130帧位置，将【远距衰减】区域的【开始】和【结束】分别设置为500、1500，在视图中调整聚光灯的位置，如图11-46所示。

图11-45 记录聚光灯参数

图11-46 调整聚光灯位置

步骤 8 将时间滑块调至第150帧的位置，将【远距衰减】下的【开始】和【结束】值分别设置为450、1000，然后在视图中调整灯光的位置，如图11-47所示。将时间滑块移动至第160帧位置，在【强度/颜色/衰减】卷展栏中将灯光颜色的RGB值分别设置为0、0、0，如图11-48所示。

图11-47 调整灯光位置

图11-48 在第160帧位置设置灯光颜色

步骤 9 关闭动画记录模式，在工具栏中单击【曲线编辑器】按钮，打开轨迹视图，调整聚光灯的运动曲线。在左侧的序列窗口中选择Spot01下的【变换】下【位置】的【X位置】、【Y位置】、【Z位置】3个选项，框选所有关键点并右击，在打开的对话框中单击【输入】和【输出】按钮将曲线类型定义为和，如图11-49所示。在场景中选择聚光灯，在【高级效果】卷展栏中单击【投影贴图】下的【无】按钮，在打开的【材质/贴图浏览器】对话框中选择【噪波】贴图，如图11-50所示。

步骤10 按M键打开【材质编辑器】对话框，将【噪波】贴图拖动至材质编辑器中的一个新的材质样本球中，选择【实例】单选按钮，单击【确定】按钮，复制一个关联的材质，如图11-51所示。在【噪波参数】卷展栏中将【颜色1】的RGB值分别设置为238、67、0，将【颜色2】的RGB值分别设置为246、217、85，如图11-52所示。

图11-49 曲线编辑器

图11-50 选择【澡波】贴图

图11-51 复制关联材质

图11-52 设置材质颜色

步骤11 选择【渲染】|【环境】命令，打开【环境编辑器】对话框，在【大气】卷展栏中单击【添加】按钮，在打开的【环境和效果】对话框中选择【体积光】效果，为其添加一个【体积光】效果，如图11-53所示。在【体积光参数】卷展栏中单击【拾取灯光】按钮，并在视图中选择聚光灯，在【体积】区域下将【雾颜色】的RGB值分别设置为248、248、228，将【衰减颜色】的RGB值分别设置为0、0、0，将【密度】值设置为1，如图11-54所示。

图11-53 添加【体积光】效果

图11-54 设置【体积光】参数

步骤12 在【环境】选项卡中选择【体积光】效果，单击右侧的【上移】按钮，将它移动至【火效果】的上面，如图11-55所示。设置完成后渲染第130帧位置的效果，如图11-56所示。

图11-55 调整体积光位置

图11-56 渲染后效果

实例99 使用粒子系统制作星光灿烂与文字光芒动画

通过在场景中添加粒子系统，为场景中的粒子系统与文字添加【镜头效果光晕】和添加【镜头效果高光】场景事件，来模拟视频片头中的文字过光效果的方法。

学习目标

掌握【粒子系统】工具的使用方法

掌握【镜头效果光晕】图像事件的设置方法

掌握【镜头效果高光】图像事件的设置方法

制作过程

资源路径：案例文件\Chapter 11\最终文件\制作星光灿烂与文字光芒动画\制作星光灿烂与文字光芒动画.max

步骤1 在制作粒子效果之前首先打开上一实例的场景，观察一下效果，如图11-57所示。选择【创建】|【几何体】|【粒子系统】|【雪】命令，在【顶】视图中创建一个雪粒子系统，在【参数】卷展栏中将【雪花大小】值和【速度】值分别设置为4、60，选择【十字叉】粒子，将【计时】下的【开始】和【寿命】分别设置为-100、100，如图11-58所示。

步骤2 激活【前】视图，在工具栏中单击【镜像】按钮，对粒子系统进行Y轴镜像调整，如图11-59所示。在视图中选择【德育卫视】对象，右击，在弹出的快捷菜单中选择【对象属性】命令，在打开的对话框中将【G-缓冲区】下的【对象ID】设置为1，如图11-60所示。

图11-57 打开文件

图11-58 设置粒子参数

图11-59 镜像粒子

图11-60 设置【对象ID】1

步骤3 选择粒子系统，将粒子系统的【对象ID】设置为2，如图11-61所示，打开【材质编辑器】对话框，为粒子设置一个黄色的金属材质。选择【渲染】|【视频后期处理】命令，打开【视频后期处理】对话框，单击【添加场景事件】按钮 添加一个场景事件，如图11-62所示。

图11-61 设置【对象ID】2

图11-62 添加场景事件

步骤4 单击【添加图像过滤事件】按钮 ，添加一个图像过滤事件，在打开的对话框中选择过滤器列表中的【镜头效果光晕】选项，如图11-63所示。单击【设置】按钮进入过滤器设置面板，在【属性】面板中勾选【过滤】区域下的【周界Alpha】复选框，如图11-64所示。

图11-63 选择【镜头效果光晕】选项

图11-64 勾选【周界Alpha】复选框

步骤 5 选择【镜头效果光晕】选项【首选项】选项卡进入设置面板，在【效果】区域下将【大小】设置为1.5，在【颜色】区域下选择【用户】单选按钮，如图11-65所示，将颜色的RGB值分别设置为255、38、0。选择【噪波】选项卡进入噪波面板，将【运动】、【方向】、【质量】分别设置为40、30、2，将【参数】下的【大小】和【速度】分别设置为5、2，如图11-66所示。

图11-65 设置【首选项】选项卡中的参数

图11-66 设置【噪波】选项卡中的参数

步骤 6 使用同样的方法，再次添加一个【镜头效果高光】图像过滤事件，单击【设置】按钮，在【属性】选项卡中将【对象ID】设置为2，在【过滤】区域下勾选【亮度】复选框，将值设置为2，如图11-67所示。选择【几何体】选项卡进入设置面板，将【效果】下的【角度】设置为108，如图11-68所示。

图11-67 设置【属性】选项卡中的参数

图11-68 设置角度

步骤 7 选择【首选项】选项卡进入设置面板，在【效果】区域下将【大小】和【点数】分别设置为5、8，在【颜色】区域下选择【像素】单选按钮，将【强度】值设置为95，如图11-69所示。按8键打开【环境和效果】对话框，在【公用参数】卷展栏中单击【环境贴图】下的【无】按钮，在打开的【材质/贴图浏览器】中选择【渐变】贴图，如图11-70所示。

图11-69 设置【首选项】选项卡中的参数

图11-70 选择【渐变】贴图

步骤8 使用同样的方法将添加的贴图复制到材质编辑器中，在【渐变参数】卷展栏中将【颜色1】的RGB值分别设置为0、0、0；将【颜色2】的RGB值分别设置为110、49、27；将【颜色3】的RGB值分别设置为255、71、0，将【颜色2位置】设置为0.5，如图11-71所示。设置完成后切换至透视图，渲染后的效果如图11-72所示。

图11-71 设置【渐变参数】

图11-72 渲染后的效果

第 12 章

星球爆炸动画

本章将讲解太空中星球爆炸效果的制作方法，主要涉及环境和大气效果、路径约束动画、注视约束动画空间扭曲、粒子系统和视频后期处理特效制作5个知识点。首先从制作太阳的火焰效果开始讲解，接着介绍使用约束制作陨石和摄影机的动画，然后讲解了使用爆炸空间扭曲模拟制作陨石碰撞地球后发生爆炸的效果，再使用超级喷射粒子模拟爆炸后产生的粒子效果，最后通过【视频后期处理】对话框为粒子特效和动画场景添加后期特效。

实例 100　使用火效果制作火焰动画

在3ds Max中【火】特效需要借助大气装置才能产生效果，下面将介绍使用【球体Gizmo】大气装置添加【火】特效，来模拟制作火焰效果的方法。

学习目标

掌握【火】特效的动画参数设置方法

制作过程

资源路径：案例文件\Chapter 12\原始文件\制作火焰动画\制作火焰动画.max

案例文件\Chapter 12\最终文件\制作火焰动画\制作火焰动画.max

步骤 1 打开本例的最终文件预览一下最终效果，如图12-1所示。下面来讲解火焰效果的制作方法。打开本书配套资源中的原始场景文件，如图12-2所示。

图12-1　火焰最终效果

图12-2　打开原始场景文件

步骤 2 选择【创建】|【辅助对象】|【大气装置】命令，单击【球体Gizmo】按钮，按住鼠标左键在视图中创建一个【球体Gizmo】，然后在【球体Gizmo参数】卷展栏中将【半径】设置为384.504，将【种子】设置为18124，如图12-3所示。选择【修改】面板，在【大气和效果】卷展栏中单击【添加】按钮，在弹出的对话框中选择【火效果】，如图12-4所示。单击【确定】按钮，即可添加该效果。

图12-3　创建【球体Gizmo】

图12-4　选择【火】效果

步骤 3 在【大气和效果】卷展栏中选择【火效果】，单击【设置】按钮，打开【环境和效果】对话框，如图12-5所示。展开【火效果参数】卷展栏，按N键开启动画记录模式，在第0帧处将【图形】组中的【规则性】设置为0.3，将【特性】区域中的【火焰大小】设置为40，将【采样】设置为30，如图12-6所示。

图12-5 【环境和效果】对话框

图12-6 设置第0帧的火焰参数

步骤 4 使用【选择并移动】选项，在视图中调整【球体Gizmo】的位置，在【透视】视图中选取一个好的观察角度，按F9键快速渲染一次，得到的火焰效果如图12-7所示。将时间滑块移至第100帧位置处，在【动态】选项组中将【相位】和【漂移】分别设置为1、0.15，如图12-8所示。

图12-7 渲染火焰效果

图12-8 设置第100帧的参数

提示：在【动态】选项组中可以设置火焰的动态效果，主要是为【相位】和【漂移】参数设置动画关键帧。

步骤 5 在【透视】视图中按F9键快速渲染火焰，效果如图12-9所示。将时间移至第200帧处，在【动态】选项组中将【相位】和【漂移】分别设置为3.2、0.2，如图12-10所示。

步骤 6 在【透视】视图中按F9键快速渲染火焰，效果如图12-11所示。将整个火焰的动画参数设置完毕后，打开【渲染设置】对话框，设置火焰的渲染参数，单击【渲染】按钮渲染火焰效果，如图12-12所示。

图12-9 渲染第100帧的火焰效果　　　　　　图12-10 设置第200帧的参数

图12-11 渲染第200帧的火焰效果　　　　　　图12-12 渲染火焰效果

 ## 实例101　使用路径约束制作陨石动画

　　【路径约束】命令会对一个对象沿着样条线或在多个样条线平均距离间的移动进行限制。路径目标可以是任意类型的样条线，样条曲线（目标）为约束对象定义了一个运动的路径。目标可以使用任意的标准变换、旋转和缩放工具设置动画。以路径的子对象级别设置关键点，如顶点或分段，虽然这影响到受约束对象，但可以制作路径的动画。下面将讲解使用路径约束制作陨石动画的方法。

学习目标

　　掌握样条线路径的绘制编辑方法
　　掌握【路径约束】的添加和设置方法

制作过程

　　资源路径：案例文件\Chapter 12\原始文件\制作陨石动画\制作陨石动画.max
　　　　　　　案例文件\Chapter 12\最终文件\制作陨石动画\制作陨石动画.max

　　步骤1 打开本例的最终文件，先预览一下陨石运动的效果，如图12-13所示。下面来讲解这个效果的制作方法，打开本书配套资源中的原始场景文件，如图12-14所示。

图12-13 陨石运动效果

图12-14 打开场景原始文件

步骤 2 选择【创建】|【图形】|【线】命令，在地球和星球之间绘制一条样条线，如图12-15所示。将当前选择集定义为顶点，在视图中对线条进行优化，并调整顶点的位置，然后选择陨石对象，选择【动画】|【约束】|【路径约束】命令，如图12-16所示。

图12-15 绘制样条线

图12-16 选择【路径约束】命令

提示：【路径约束】还可以在【运动】命令面板中添加，与在【指定控制器】卷展栏中指定控制器的方法一样。

步骤 3 在视图中拾取样条线路径，此时陨石将自动跳转至样条线的起点上，如图12-17所示。在视图中拖动时间滑块可以预览到陨石沿着样条线运动，如图12-18所示。

图12-17 将陨石置于样条线起点上

图12-18 陨石沿着样条线运动

步骤 4 选择陨石对象，在【运动】命令面板中访问【路径参数】卷展栏，并设置它的路径参数，如图12-19所示。此时在视图中拖动时间滑块可以预览陨石的运动效果，选取一个合适的角度，按F9键快速渲染一次场景，效果如图12-20所示。

图12-19 设置路径参数　　　　　　　　　　　　图12-20 渲染场景效果

提示：【恒定速度】复选框启用后，对象将沿着路径提供一个恒定的速度。禁用此复选框后，对象沿路径的速度变化依赖于路径上顶点之间的距离。

实例102　使用关键帧制作摄影机动画

在3ds Max中，使用自动关键点模式制作动画是最简单的方法，其方法是使用【自动关键点】按钮 自动关键点 开启动画记录，在场景中对对象的位置、旋转和缩放所做的更改都会自动生成关键帧，记录成动画效果。

学习目标

掌握使用自动关键点模式设置动画的方法

掌握设置对象的移动变换关键点的方法

制作过程

资源路径：案例文件\Chapter 12\原始文件\制作摄影机动画\制作摄影机动画.max

案例文件\Chapter 12\最终文件\制作摄影机动画\制作摄影机动画.max

步骤1 在讲解摄影机动画的制作方法之前，先打开本例的最终效果预览一下，如图12-21所示。打开本书配套资源中的原始文件，如图12-22所示。

图12-21 摄影机动画效果　　　　　　　　　　图12-22 打开原始场景文件

步骤2 选择【创建】|【摄影机】|【目标】命令，创建一个目标摄影机，在【参数】卷展栏中设置其参数，并调整其位置。在任意视图中按C键快速切换到摄影机视图，如图12-23所示，观察到的效果如图12-24所示。

图12-23 创建摄影机对象

图12-24 摄影机视图效果

步骤3 在视图中选择【Camera001】对象，按N键打开自动关键点记录模式，将时间滑块拖动至第70帧处，在状态栏中输入坐标值，如图12-25所示。将时间滑块拖动至第100帧处，在状态栏中输入坐标值，如图12-26所示。

图12-25 在第70帧处输入坐标值

图12-26 在第100帧处输入坐标值

步骤4 再在视图中选择Camera001.Target，将时间滑块拖动至第70帧处，在状态栏中输入坐标值，如图12-27所示。将时间滑块拖动至第100帧处，在状态栏中输入坐标值，如图12-28所示。

图12-27 在第70帧处输入坐标值

图12-28 在第100帧处输入坐标值

提示：在通过【动画】菜单指定注视约束时，3ds Max 会将一个旋转列表控制器指定到对象上。在【旋转列表】卷展栏的列表框中可以找到【注视约束】，这就是所指定的约束。要查看【注视约束】卷展栏，在列表框中双击【注视约束】选项即可。

步骤5 将摄影机目标对象的注视约束参数设置完成后，按N键关闭自动关键点记录模式，打开【渲染设置】对话框，设置场景的渲染参数，在第50帧处按F9键渲染摄影机视图，效果如图12-29所示。在第70帧处渲染场景画面的效果如图12-30所示。

图12-29 渲染第50帧的效果

图12-30 渲染第70帧的效果

实例103 使用爆炸空间扭曲制作地球爆炸动画

【爆炸】空间扭曲可以将对象炸裂为许多单独的面。使用【爆炸】空间扭曲后会在场景中创建一个小三角图标，该图标代表爆炸的中心点，将对象绑定到该空间扭曲上就可以制作爆炸的效果。下面将介绍使用【爆炸】空间扭曲来模拟制作陨石碰撞地球后爆炸效果的方法。

学习目标

掌握【爆炸】空间扭曲的创建方法

掌握【爆炸】空间扭曲动画的参数设置

制作过程

资源路径：案例文件\Chapter 12\原始文件\制作地球爆炸动画\制作地球爆炸动画.max

案例文件\Chapter 12\最终文件\制作地球爆炸动画\制作地球爆炸动画.max

步骤1 在讲解使用【爆炸】空间扭曲制作地球爆炸的方法之前，先打开本例的最终文件预览一下地球爆炸的效果，如图12-31所示。从本书配套资源中打开本例的原始场景文件，如图12-32所示。

步骤2 选择【创建】|【空间扭曲】|【几何/可变形】|【爆炸】命令，如图12-33所示。在地球的位置上创建一个爆炸空间扭曲，如图12-34所示。

图12-31 地球爆炸动画效果

图12-32 打开原始场景文件

步骤3 单击主工具栏中的【绑定到空间扭曲】按钮，将地球绑定到爆炸空间扭曲上，如图12-35所示。在视图中选择爆炸对象，按N键开启动画记录模式，在第0帧处设置【爆炸】空间扭曲参数，如图12-36所示。

图12-33 选择【爆炸】命令

图12-34 创建爆炸空间扭曲

图12-35 绑定到爆炸空间扭曲

图12-36 设置第0帧的爆炸参数

步骤4 将时间滑块移至第98帧处，设置【爆炸】对象的参数，如图12-37所示。在第132帧处设置爆炸参数，如图12-38所示。

图12-37 设置第98帧的爆炸参数

图12-38 设置第132帧的爆炸参数

提示：爆炸效果距爆炸点的距离，以世界单位数表示。超过该距离的碎片不受【强度】和【自旋】设置影响，但会受【重力】设置影响。

步骤5 将时间滑块移至第200帧处，设置爆炸对象的参数，如图12-39所示。在视图中拖动时间滑块可以预览地球爆炸的全过程，选择其中某一帧的画面，按F9键渲染得到的效果如图12-40所示。

图12-39 设置第200帧的爆炸参数

图12-40 渲染爆炸效果

 实例104 使用超级喷射粒子制作粒子动画

【超级喷射】可以看做是【喷射】的高级版本，它可以发射受控制的粒子喷射，并包含了所有新型粒子系统提供的功能。使用【超级喷射】粒子可以制作礼花爆炸、火焰喷射等效果。如果将它绑定到【路径跟随】空间扭曲上，还可以生成瀑布效果。下面将介绍使用【超级喷射】粒子模拟地球爆炸后发射出的粒子效果的方法。

学习目标

掌握【超级喷射】粒子的参数设置方法

制作过程

资源路径：案例文件\Chapter 12\原始文件\制作粒子动画\制作粒子动画.max
案例文件\Chapter 12\最终文件\制作粒子动画\制作粒子动画.max

步骤1 在讲解使用【超级喷射】粒子制作爆炸效果中的粒子效果之前，先预览一下本例的最终效果，如图12-41所示。下面接着介绍该粒子效果的设置方法，在场景中创建一个【超级喷射】粒子发射器，将它放在爆炸空间扭曲上，如图12-42所示。

图12-41 喷射粒子效果

图12-42 创建【超级喷射】粒子发射器

步骤2 选择【超级喷射】粒子发射器，在其【修改】命令面板中展开【基本参数】卷展栏，设置粒子的超级喷射参数，如图12-43所示。展开【粒子生成】卷展栏，设置粒子的数量和生成时间，如图12-44所示。

图12-43 设置粒子的超级喷射参数

图12-44 设置粒子数量和生成空间

步骤 3 在【粒子大小】选项组中设置粒子的大小参数，并在【粒子类型】卷展栏中选择粒子类型，如图12-45所示。在【粒子繁殖】卷展栏中设置其参数，如图12-46所示。

图12-45 设置粒子大小和类型

图12-46 设置【粒子繁殖】参数

步骤 4 按M键打开【材质编辑器】对话框，选择一个标准材质球，设置它的基本参数，如图12-47所示。单击【漫反射】后面的颜色通道按钮，在弹出的对话框中选择【粒子年龄】贴图，并设置它的参数，如图12-48所示，将这个材质应用给超级喷射粒子对象。

图12-47 设置基本参数

图12-48 添加【粒子年龄】贴图

提示：【粒子年龄】贴图一般应用于粒子系统，它基于粒子的寿命更改粒子的颜色（或贴图），系统中的粒子以一种颜色开始。

步骤5 选择粒子对象并在视图中右击，在弹出的快捷菜单中选择【对象属性】命令，弹出【对象属性】对话框，设置粒子的运动模糊参数，如图12-49所示。在视图中选取一个好的观察角度，按F9键快速渲染粒子效果，如图12-50所示。

图12-49 设置运动模糊参数

图12-50 渲染粒子效果

实例105 使用视频后期处理制作动画特效

视频后期处理是3ds Max中自带的一个特效插件，它可以为场景提供不同类型事件的合成渲染输出，包括当前场景、位图图像和图像处理功能等。【视频后期处理】对话框中包含了镜头光晕、镜头高光和光环等各种光效果，它以事件的形式进行渲染输出。下面将讲解使用【视频后期处理】对话框为动画添加动画特效的方法。

学习目标

掌握场景事件的添加方法

掌握镜头效果光晕的设置方法

掌握镜头效果光斑的设置方法

制作过程

资源路径：案例文件\Chapter 12\原始文件\制作动画特效\制作动画特效.max

案例文件\Chapter 12\最终文件\制作动画特效\制作动画特效.max

步骤1 在讲解动画的特效制作方法之前，先打开动画的最终效果预览一下，效果如图12-51所示。选择【渲染】|【视频后期处理】命令，打开【视频后期处理】对话框，如图12-52所示。

3ds Max 动画制作实例精讲教程

图12-51 动画特效

图12-52 【视频后期处理】对话框

步骤 2 在【视频后期处理】对话框中单击【添加场景事件】按钮，在弹出的对话框中选择摄影机视图，将摄影机视图添加为场景事件，如图12-53所示。单击【添加图像过滤事件】按钮，在弹出的对话框中选择【星空】过滤器选项，如图12-54所示。

图12-53 添加场景事件

图12-54 选择【星空】过滤器选项

步骤 3 单击【设置】按钮，弹出【星星控制】对话框，设置星星参数，如图12-55所示。设置完成后，单击两次【确定】按钮，单击【执行序列】按钮，预览单帧的星空效果，如图12-56所示。

图12-55 设置星星参数

图12-56 单帧星空效果

步骤 4 按M键打开【材质编辑器】对话框，选择粒子喷射对象的材质，单击【材质ID通道】按钮，将材质ID设置为1，如图12-57所示。在【视频后期处理】对话框中继续单击【添加图像过滤事件】按钮，添加【镜头效果光晕】效果，如图12-58所示。

图12-57 设置材质ID

图12-58 添加【镜头效果光晕】效果

提示：为材质提供非零ID通道编号可令渲染器生成包含该编号值的材质ID通道。只有以PLA或RPF格式保存渲染的场景时，才能将此信息存储在图像中。ID通道数据可用于在渲染时渲染效果。

步骤 5 进入【镜头效果光晕】的参数面板，在【属性】选项卡中设置参数，如图12-59所示的效果。在【首选项】选项卡中设置光晕的大小和颜色参数，如图12-60所示，设置完成后，单击【确定】按钮。

图12-59 在【属性】选项卡中设置参数

图12-60 设置【首选项】选项卡参数

步骤 6 单击【辅助】对象面板中的【点】按钮，创建一个点辅助对象，如图12-61所示。在【视频后期处理】对话框中添加一个【镜头效果光斑】效果，如图12-62所示。

图12-61 创建点辅助对象

图12-62 添加【镜头效果光斑】效果

步骤 7 打开【镜头效果光斑】对话框，在【镜头光斑属性】选项组中单击【节点源】按钮拾取点辅助对象，并设置其他参数，如图12-63所示。在【首选项】选项卡中选择光斑效果类型，如图12-64所示。

图12-63 拾取点辅助对象并设置参数

图12-64 选择光斑效果类型

提示：单击【节点源】按钮可以为镜头光斑效果选择源对象。镜头光斑源可以是场景中的任何对象，但通常为灯光，如目标聚光灯或泛光灯。单击此按钮会弹出【选择光斑对象】对话框，必须选择光斑的源以退出对话框。如果选择源对象并且随后为对象重命名，则必须重新选择此对象以确保镜头光斑的正确生成。

步骤 8 在【光晕】选项卡中设置光晕效果的【大小】为50，将【径向颜色】左侧色标的RGB值分别设置为157、142、102，在第70帧处添加一个色标，将其RGB值分别设置为108、90、70，将第100帧处的色标的RGB值设置为93、73、18，如图12-65所示。此时在队列对话框中预览到场景的效果如图12-66所示。

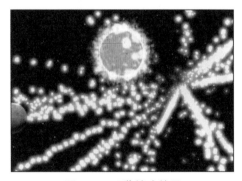

图12-65 设置【光晕】参数

图12-66 预览镜头效果

步骤 9 在【自动二级光斑】选项卡中设置光斑参数，如图12-67所示。在【手动二级光斑】选项卡中设置光斑参数，如图12-68所示。

图12-67 设置自动二级光斑参数

图12-68 设置手动二级光斑参数

在【星形】选项卡中设置参数，如图12-69所示。在【条纹】选项卡中设置场景的条
如图12-70所示。

图12-69 设置星形效果参数

图12-70 设置条纹效果参数

步骤 11 单击【确定】按钮，将所有的效果参数保存，预览场景的镜头效果如图12-71所
示。单击【执行序列】按钮 ✗，弹出【执行视频后期处理】对话框，设置动画渲染输出参数，
如图12-72所示。

图12-71 镜头效果

图12-72 设置动画渲染输出参数

提示：在设置动画的序列输出参数之前，可以单击【添加图像输出事件】按钮 ⊞，为动画特效
设置输出的保存格式和路径。

步骤 12 单击【渲染】按钮，将整个动画渲染输出，其中在粒子效果部分的静帧截图效果分
别如图12-73和图12-74所示。

图12-73 粒子效果截图1

图12-74 粒子效果截图2